essentials

essentials liefern aktuelles Wissen in konzentrierter Form. Die Essenz dessen, worauf es als „State-of-the-Art" in der gegenwärtigen Fachdiskussion oder in der Praxis ankommt. *essentials* informieren schnell, unkompliziert und verständlich

- als Einführung in ein aktuelles Thema aus Ihrem Fachgebiet
- als Einstieg in ein für Sie noch unbekanntes Themenfeld
- als Einblick, um zum Thema mitreden zu können

Die Bücher in elektronischer und gedruckter Form bringen das Expertenwissen von Springer-Fachautoren kompakt zur Darstellung. Sie sind besonders für die Nutzung als eBook auf Tablet-PCs, eBook-Readern und Smartphones geeignet. *essentials:* Wissensbausteine aus den Wirtschafts-, Sozial- und Geisteswissenschaften, aus Technik und Naturwissenschaften sowie aus Medizin, Psychologie und Gesundheitsberufen. Von renommierten Autoren aller Springer-Verlagsmarken.

Weitere Bände in der Reihe http://www.springer.com/series/13088

Toni Stucki · Sara D'Onofrio ·
Edy Portmann

Chatbots gestalten mit Praxisbeispielen der Schweizerischen Post

HMD Best Paper Award 2018

Mit einem Geleitwort von Stefan Reinheimer

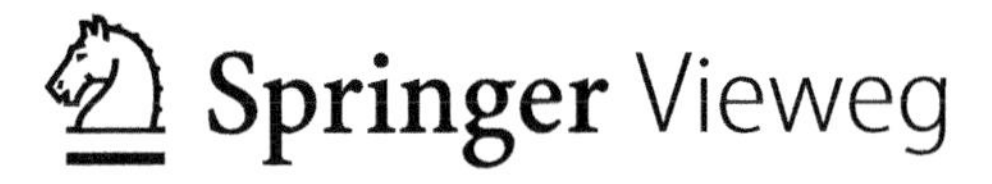

Toni Stucki
Post CH AG
Bern, Schweiz

Sara D'Onofrio
Universität Freiburg
Freiburg i.Üe., Schweiz

Edy Portmann
Universität Freiburg
Freiburg i.Üe., Schweiz

ISSN 2197-6708 ISSN 2197-6716 (electronic)
essentials
ISBN 978-3-658-28585-2 ISBN 978-3-658-28586-9 (eBook)
https://doi.org/10.1007/978-3-658-28586-9

Die Deutsche Nationalbibliothek verzeichnet diese Publikation in der Deutschen Nationalbibliografie; detaillierte bibliografische Daten sind im Internet über http://dnb.d-nb.de abrufbar.

Das essential ist die überarbeitete Version des Artikels: T. Stucki, S. D'Onofrio, E. Portmann: Chatbot – Der digitale Helfer im Unternehmen: Praxisbeispiele der Schweizerischen Post. HMD – Praxis der Wirtschaftsinformatik 322 (2018) 55: 725–747. https://doi.org/10.1365/s40702-018-0424-8

Springer Vieweg ist ein Imprint der eingetragenen Gesellschaft Springer Fachmedien Wiesbaden GmbH und ist ein Teil von Springer Nature.
Die Anschrift der Gesellschaft ist: Abraham-Lincoln-Str. 46, 65189 Wiesbaden, Germany

Was sie in diesem *essential* finden können

- Begriffsdefinition und historische Grundlagen von Chatbots
- Erläuterung der Funktionsweise von Chatbots
- Klassifikationsmodelle für Chatbots
- Fallbeschreibungen von Chatbot-Projekten
- Diskussion von Eintrittspunkten, Technologien, Kundenfeedbacks und Gestaltungskriterien für Chatbots
- Ausblick auf zukünftige Entwicklungen

Geleitwort

Der prämierte Beitrag
Der prämierte Beitrag „Chatbot – Der digitale Helfer im Unternehmen: Praxisbeispiele der Schweizerischen Post" des Autorenteams Toni Stucki, Sara D'Onofrio und Edy Portmann greift ein höchst aktuelles Thema auf. Den Autoren gelingt es, die zentrale Aufgabe der Wirtschaftsinformatik zu vermitteln und umzusetzen: ausgehend vom betriebswirtschaftlichen Bedarf bei der Schweizerischen Post geben Sie eine übersichtliche technische und fachliche Basiseinführung in Chatbots und mappen diese IT-Lösung dann auf die vorliegenden praktischen Anwendungsfälle. Den Erfolg der Aktivitäten und das noch offene Verbesserungspotenzial beurteilen sie kritisch und erkenntnisorientiert.

Die Autoren vereinen durch Struktur und Inhalte ihres Beitrages wirtschaftliche Bedarfe mit informationstechnischen Methoden und Technologien. Sehr anschaulich und in sprachlich überzeugender Weise repräsentieren sie damit den Geist einer gestaltungsorientierten Wirtschaftsinformatik.

Für die vorliegende *essentials*-Ausgabe wurden die Inhalte des originären HMD-Beitrags umfassend überarbeitet. Auch der Titel wurde dabei etwas komprimiert.

Chatbots als eine konkrete Ausprägung künstlicher Intelligenz mit dem Schwerpunkt bereits existierendes Wissen maschinengetrieben zu kommunizieren, dienen als intelligente und dialogorientierte Schnittstelle zwischen Mensch und IT. Der Beitrag zeigt verschiedene Möglichkeiten auf, Use Cases aus dem betrieblichen Alltag durch verschiedene Typen von Chatbots zu unterstützen und damit sowohl eine Entlastung der Kundenserviceorganisation herbeizuführen als auch eine echte Serviceverbesserung für den Kunden zu erreichen. Dies wird dadurch erreicht, dass Chatbots rund um die Uhr, sieben Tage pro Woche zur Verfügung stehen. Auch wenn nicht der vollständige Ersatz des menschlichen

Services möglich und nicht einmal angestrebt ist, verbessert sich die Serviceverfügbarkeit signifikant. Interessanterweise waren auch Erkenntnisse Gegenstand der zugrunde liegenden Praxisprojekte bei der Schweizerischen Post, wann die Serviceerbringung durch digitale Assistenten überhaupt effektiv und effizient ist. Ineffektiv ist eine Bot-Unterstützung zum Beispiel dann, wenn die Unzufriedenheit eines Kunden durch eine unpersönliche Servicebearbeitung noch gesteigert würde. Ineffizienz wird provoziert, wenn die Lösung des zugrunde liegenden Problems unnötig kompliziert wird und in Summe länger dauert oder schlechtere Ergebnisse produziert als durch das Eingreifen einer menschlichen Servicekraft.

Ganz im Sinne der HMD – Praxis der Wirtschaftsinformatik – spricht der Beitrag sowohl Akademiker mit lehrendem oder lernendem Hintergrund an als auch Praktiker, die das Thema auf seine Relevanz für das eigentliche betriebliche Umfeld untersuchen möchten und dafür konkrete Beispiele und Erkenntnisse aus den verschiedenen Projektphasen Konzeption, Entwicklung, Einführung, Betrieb und Nutzung sowie Analyse als Grundlage für die Optimierung suchen.

Die HMD – Praxis der Wirtschaftsinformatik und der HMD Best Paper Award
Alle HMD-Beiträge basieren auf einem Transfer wissenschaftlicher Erkenntnisse in die Praxis der Wirtschaftsinformatik. Umfassendere Themenbereiche werden in HMD-Heften aus verschiedenen Blickwinkeln betrachtet, sodass in jedem Heft sowohl Wissenschaftler als auch Praktiker zu einem aktuellen Schwerpunktthema zu Wort kommen. Den verschiedenen Facetten eines Schwerpunktthemas geht ein Grundlagenbeitrag zum State of the Art des Themenbereichs voraus. Damit liefert die HMD IT-Fach- und Führungskräften Lösungsideen für ihre Probleme, zeigt ihnen Umsetzungsmöglichkeiten auf und informiert sie über Neues in der Wirtschaftsinformatik. Studierende und Lehrende der Wirtschaftsinformatik erfahren zudem, welche Themen in der Praxis ihres Faches Herausforderungen darstellen und aktuell diskutiert werden.

Wir wollen unseren Lesern und auch solchen, die HMD noch nicht kennen, mit dem „HMD Best Paper Award" eine kleine Sammlung an Beiträgen an die Hand geben, die wir für besonders lesenswert halten, und den Autoren, denen wir diese Beiträge zu verdanken haben, damit zugleich unsere Anerkennung zeigen. Mit dem „HMD Best Paper Award" werden alljährlich die drei besten Beiträge eines Jahrgangs der Zeitschrift „HMD – Praxis der Wirtschaftsinformatik" gewürdigt. Die Auswahl der Beiträge erfolgt durch das HMD-Herausgebergremium und orientiert sich an folgenden Kriterien:

- Zielgruppenadressierung
- Handlungsorientierung und Nachhaltigkeit

- Originalität und Neuigkeitsgehalt
- Erkennbarer Beitrag zum Erkenntnisfortschritt
- Nachvollziehbarkeit und Überzeugungskraft
- Sprachliche Lesbarkeit und Lebendigkeit

Alle drei prämierten Beiträge haben sich in mehreren Kriterien von den anderen Beiträgen abgesetzt und verdienen daher besondere Aufmerksamkeit. Neben dem Beitrag von T. Stucki, S. D'Onofrio und E. Portmann wurden ausgezeichnet:

- Klostermeier R, Haag S, Benlian A (2018) Digitale Zwillinge – Eine explorative Fallstudie zur Untersuchung von Geschäftsmodellen. HMD – Praxis der Wirtschaftsinformatik 320(55):297–311. https://doi.org/10.1365/s40702-018-0406-x
- Bartsch F, Neidhardt N, Nüttgens M, Holland M, Kompf M (2018) Anwendungsszenarien für die Blockchain-Technologie in der Industrie 4.0. HMD – Praxis der Wirtschaftsinformatik 324(55):1274–1284. https://doi.org/10.1365/s40702-018-00456-8

Die HMD ist vor mehr als 50 Jahren erstmals erschienen: Im Oktober 1964 wurde das Grundwerk der ursprünglichen Loseblattsammlung unter dem Namen „Handbuch der maschinellen Datenverarbeitung" ausgeliefert. Seit 1998 lautet der Titel der Zeitschrift unter Beibehaltung des bekannten HMD-Logos „Praxis der Wirtschaftsinformatik", seit Januar 2014 erscheint sie bei Springer Vieweg. Verlag und HMD-Herausgeber haben sich zum Ziel gesetzt, die Qualität von HMD-Heften und -Beiträgen stetig weiter zu verbessern. Jeder Beitrag wird dazu nach Einreichung doppelt begutachtet: Vom zuständigen HMD- oder Gastherausgeber (Herausgebergutachten) und von mindestens einem weiteren Experten, der anonym begutachtet (Blindgutachten). Nach Überarbeitung durch die Beitragsautoren prüft der betreuende Herausgeber die Einhaltung der Gutachtervorgaben und entscheidet auf dieser Basis über Annahme oder Ablehnung.

Nürnberg Stefan Reinheimer

Bibliographische Informationen

Stucki T, D'Onofrio S, Portmann E (2018) Chatbot – Der digitale Helfer im Unternehmen: Praxisbeispiele der Schweizerischen Post. HMD – Praxis der Wirtschaftsinformatik 322(55):725–747. https://doi.org/10.1365/s40702-018-0424-8

Danksagung

Die Autoren dieses Kapitels danken den Kolleginnen und Kollegen bei der Schweizerischen Post, insbesondere Kaspar Adank, Daniel Bammert Marty, Joseph Beer, Benjamin Blaser, Nikolay Borissov, Thomas Brezing, Lukas Bürki, René Eggenschwiler, Lukas Feuz, Matthias Gasser, Marco Hunziker, Linus Hüsler (Apptiva AG), Pascal Irminger, Jan Jambor, Christa Jehle, Michael Jost, Robert Käppeli, Katharina Klobassa, Friedrich Klopfenstein, Sandro Kolly, Frank Liebermann, Julie Mackmood, Simon Marville, Lukas Melliger, Simon Oswald, Alla Povorozniuk, Andreas Quandt, Adrian Röthlisberger, Martin Rüeggsegger, Stefan Schärmeli, Rochus Schnellmann, Dominic Spalinger, Bernhard Spörri, Markus Tanner (Apptiva AG), Raphael Tanner und Markus Tschabold für ihre wertvollen Inputs. Ein Dank geht auch an Astrid Habenstein fürs Korrekturlesen sowie an Jvana Manser, die für dieses *essential* die Abbildungen designt hat. Ohne sie hätte dieses *essential* in dieser Form nicht geschrieben werden können. Vielen Dank!

Inhaltsverzeichnis

1 Herausforderungen in der digitalen Transformation

Die digitale Transformation ist gegenwärtig die größte Herausforderung für viele Unternehmen. Neue Technologien und die globale Vernetzung eliminieren bestehende und generieren neue Geschäftsmodelle. Airbnb, Uber oder Alibaba zeigen, dass die Marktmacht nicht mehr zwangsläufig bei jenen Unternehmen liegt, welche die Ressourcen und Produkte kontrollieren, sondern bei jenen, welche die Schnittstelle zum Kunden beherrschen (Goodwin 2015). Die Blockchain hat das Potenzial, intermediäre Vertrauensstellen obsolet zu machen (Swan 2015), mit Hilfe von autonomen Fahrzeuge können neue Sharing-Modelle etabliert werden (Stölzle et al. 2015) und Softwareroboter ermöglichen es, nicht nur einfache Tätigkeiten in der Produktion, sondern auch Geschäftsprozesse im Büro zu automatisieren (Aguirre und Rodriguez 2017). Auch Schweizer Unternehmen, wie die Schweizerische Post (o. J.), sind mit der Digitalisierung konfrontiert. Die Schweizerische Post bietet als Mischkonzern verschiedenste Angebote in den grundlegenden Bereichen wie Kommunikation, Logistik und Mobilität. Um bestehende Märkte zu verteidigen und in neue Märkte vorzustoßen, muss die Schweizerische Post die Möglichkeiten der digitalen Technologien nutzen. Ziel ist es, die Sorgen und Wünsche ihrer Kunden zu erkennen und darauf aufbauend Produkte und Dienste zu entwickeln, die Bedürfnisse treffen.

Chatbots sind eine dieser aufkommenden Technologien, welche gewinnbringende Anwendungen versprechen. Sie ermöglichen die Automatisierung von dialogintensiven Kundenschnittstellen, arbeiten rund um die Uhr mit gleichbleibender Qualität und senken durch den Einsatz natürlicher Sprache Hürden der Technik. Immer mehr Unternehmen ersetzen oder ergänzen ihre Benutzerschnittstellen mit Chatbots und versprechen sich dabei mehr Präsenz mit weniger Aufwand. Beispiele hierfür sind der Einsatz im Kundendienst, bei der Produktsuche oder bei Reservationsprozessen. Auch die Schweizerische Post hat das Potenzial

T. Stucki et al., *Chatbots gestalten mit Praxisbeispielen der Schweizerischen Post*, essentials, https://doi.org/10.1007/978-3-658-28586-9_1

von Chatbots erkannt und daher verschiedene Initiativen oder Projekte für die Prüfung und Implementierung von Chatbots gestartet.

Chatbots sind Dialogsysteme, die mittels natürlicher Sprache und einer Benutzerschnittstelle, wie zum Beispiel eines Chatfensters, mit einem Benutzer kommunizieren können (Dale 2016). Chatbots sind schon längere Zeit bekannt. Bereits in den 1960er Jahren wurden erste Versuche in Chatbots getätigt, um computerbasiert eine sprechende Person zu simulieren (siehe Abschn. 2.2). Allerdings waren die technologischen Mittel zu dieser Zeit noch nicht ausgereift genug, um ein *menschenähnlich* agierendes System zu entwickeln. Entweder wirkten sie zu mechanisch oder lieferten ungenügende Resultate, sodass sich bei den Benutzern kaum Akzeptanz für computerbasierte Dialogsysteme einstellte. Mit der rasanten Entwicklung der Informations- und Kommunikationstechnologien hat sich jedoch auch die Leistungsfähigkeit von Chatbots massiv gesteigert. Immer mehr Forscher, Unternehmen und Privatpersonen beschäftigen sich mit den digitalen Helfern und sehen Potenzial darin, durch den Einsatz von Chatbots den Informations- und Prozessfluss sowohl innerhalb als auch außerhalb des Unternehmens zu verbessern.

Wichtig hierbei ist, den Systemen die Fähigkeit beizubringen, die natürliche Sprache bearbeiten zu können. Die Sprachverarbeitung – das sogenannte *Natural Language Processing* – ist eine herausfordernde Aufgabe. Natürliche Sprache ist zwar über Grammatiken strukturiert, jedoch keineswegs vollständig formalisiert. Der gleiche Sachverhalt kann in einer Vielzahl von Variationen ausgedrückt werden, sei es durch syntaktische oder lexikalische Alternation. Wörter und Sätze sind oft mehrdeutig und können unterschiedliche Konzepte der realen Welt denotieren. Idealerweise hilft der Kontext, Mehrdeutigkeiten in der Sprache aufzulösen. So soll etwa ein Chatbot der Schweizerischen Post anhand der Dialogsituation erkennen, ob ein Kunde, der von einer *Bank* spricht, PostFinance (o. J.a), das Finanzinstitut der Schweizerischen Post, meint oder sich auf die Sitzbank vor seinem Haus bezieht, unter welcher der Paketbote seine letzte Bestellung von Zalando deponieren soll. Das System soll lernen, die Absicht eines Benutzers ausgehend von den natürlich-sprachigen Informationen (Aussagen, Fragen, etc.) sowie den zur Verfügung stehenden Kontextinformationen (Zeit, Ort, Identität des Benutzers, Kontakthistorie, usw.) zu extrahieren und angemessen darauf zu reagieren. Sowohl für geschriebene wie auch für gesprochene Sprache gibt es hierfür bereits diverse Ansätze.

Zum besseren Verständnis der Gesamtthematik legt dieses *essential* zunächst die theoretischen Grundlagen im Bereich Chatbot dar. Anschließend werden die verschiedenen Chatbot-Projekte der Schweizerischen Post eingeführt und deren Erfahrungen mit textbasierten Chatbots reflektiert. Abgerundet wird das *essential* mit einer Diskussion und einem Ausblick.

2 Theoretische Grundlagen zu Chatbots

In diesem Kapitel wird der Begriff *Chatbot* näher erläutert und auf Basis einer Literaturanalyse ein Abriss der Chatbot-Geschichte präsentiert. Daran schließen Darstellungen möglicher Klassifikationsansätze für Chatbots sowie von Aufbau und Funktionsweise von Chatbots an.

2.1 Begriffserklärung

Der Begriff *Chatbot* ist ein Kofferwort, das aus den beiden englischen Wörtern *Chat* (dt. plaudern) und *Bot* (Kurzform für Robot) gebildet wurde. Unter einem Chatbot wird daher ein System verstanden, das fähig ist, mit einem menschlichen Benutzer in einen Dialog zu treten *(Chat)* und gewisse Aufgaben autonom zu erledigen *(Bot)*. Ein solches System kann von einem menschlichen Benutzer mittels natürlicher Sprache (gesprochen oder geschrieben) angesteuert werden und diesem wiederum die gewünschten Informationen in natürlicher Sprache liefern. Gelegentlich werden für derartige Systeme auch die Begriffe *Conversational Agents*[1] oder *Virtuelle Assistenten* verwendet. Grundsätzlich betrachten die Autoren die Begriffe oder Konzepte als ähnlich. Die wesentliche Eigenschaft eines Chatbots liegt darin, einen natürlich-sprachlichen Dialog zu führen, jene des virtuellen Assistenten darin, digitale Prozesse zu automatisieren oder zu vereinfachen. Ein Chatbot muss folglich nicht zwangsläufig einen funktionalen Wert für den Nutzer aufweisen, sondern kann auch bloß einen Gesprächspartner in einem sozialen Netz simulieren. Ein virtueller Assistent hingegen sollte dem Benutzer

[1]Die deutsche Übersetzung *Konversationsagent* ist in der Praxis wenig gebräuchlich.

T. Stucki et al., *Chatbots gestalten mit Praxisbeispielen der Schweizerischen Post*, essentials, https://doi.org/10.1007/978-3-658-28586-9_2

primär eine konkrete Aufgabe abnehmen, wie etwa eine Musiksammlung selbstständig zu organisieren, Vorschläge für die Bewirtschaftung von Finanzanlagen zu erarbeiten oder Sitzungstermine zu planen. Diese Interaktion mit dem Benutzer muss nicht unbedingt in Form eines natürlich-sprachlichen Dialogs erfolgen. Den Conversational Agent wiederum betrachten die Autoren gewissermaßen als Schnittmenge dieser beiden Konzepte, indem er einen menschlichen Benutzer mittels einer Dialogschnittstelle bei einem konkreten Anliegen unterstützt.

2.2 Von ELIZA zu Siri und Co

Chatbots halten in immer mehr Bereichen Einzug. Bereits in den 1960er Jahren wurden erste Versuche im Bereich Chatbot getätigt, um die Mensch-Maschine-Interaktion voranzutreiben. In der Folge wurde weitere Chatbots implementiert und präsentiert, die mit der Zeit auch eine Marktreife erlangten. In Abb. 2.1 werden einige bekannte Beispiele der Chatbot-Evolution präsentiert.

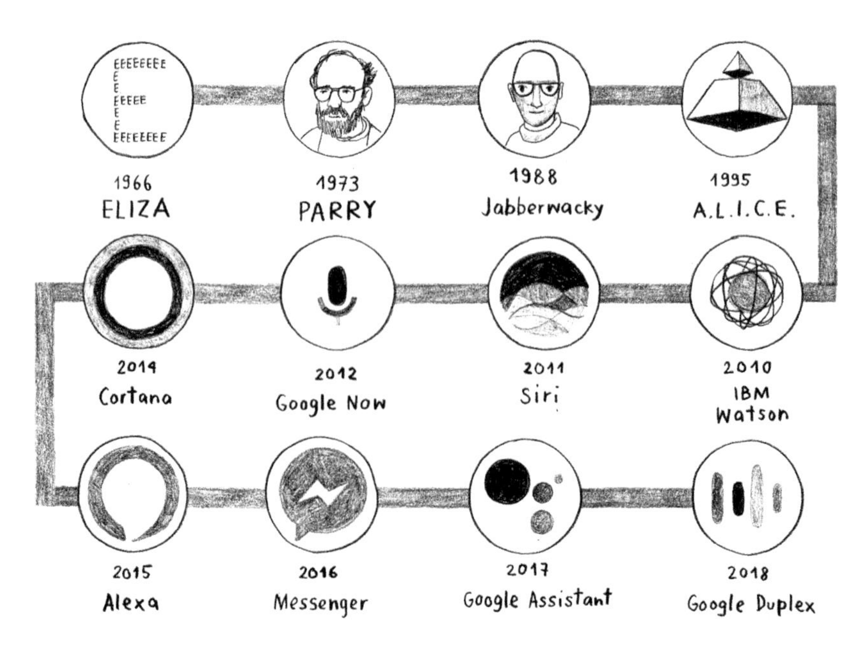

Abb. 2.1 Chatbot-Evolution

Beginnend mit ELIZA, handelte es sich um einen Chatbot, der mithilfe von Mustererkennungstechniken und Substitutionsmethoden einen Psychotherapeuten simulierte (Weizenbaum 1966). Kurze Zeit später folgte der Bot PARRY, der einen Patienten mit Schizophrenie imitierte, um mehr (zuverlässige) Daten im Forschungsbereich Paranoia zu generieren. PARRY war ein komplexes System von Annahmen, Attributionen und emotionalen Reaktionen, welche durch Änderungen von Gewichten an verbalen Eingaben ausgelöst wurden (Colby 1973). Jabberwacky – entwickelt in den 1980er Jahren und seit 1997 im Web verfügbar – generiert Antworten mithilfe von Mustererkennungstechniken und greift dazu auf die bisherigen Eingaben aller Nutzer zurück. Innerhalb von Jabberwacky wurden noch weitere Chatbots kreiert, wie beispielsweise der bekannte Cleverbot (Fryer und Carpenter 2006; McNeal und Newyear 2013). 1995 begann die Entwicklung vom Chatbot A.L.I.C.E., ein Web-basierter Bot, der heute fähig ist, in verschiedenen Sprachen Konversationen mit Menschen zu führen (Wallace 2009).

2011 schlägt das System IBM Watson in der Quizshow *Jeopardy!* – ein Spiel, in welchem Spieler passende Frage zu einer gegebenen Antwort liefern müssen – zwei menschliche Gegner. Mit einer parallel probabilistisch evidenzbasierten Architektur konnte Watson mehrere Sprachanalysealgorithmen schnell und einfach gleichzeitig ausführen (Ferrucci et al. 2010). Im gleichen Jahr liefert Apple Siri als Bestandteil des mobilen Betriebssystems iOS aus. Im Grunde besteht Siri aus drei Komponenten: *Eingabeverarbeitung, Kontexteinordnung* und *Aktionsausführung.* Siri ermöglicht dem Nutzer, sein Mobilgerät über gesprochene Befehle zu steuern und auch Aktionen im Internet vorzunehmen (Heudin 2018). 2012 wurde Google Now als Erweiterung der Google Such-App ausgeliefert und im Jahr 2017 durch den Google Assistant abgelöst. Analog zu Siri wurde Google Now (bzw. Google Assistant) als virtueller Assistent mit natürlichsprachlicher Schnittstelle positioniert (Ruddock 2016). Cortana ist die Antwort von Microsoft auf Siri und Google Now und wird seit 2015 als Bestandteil des Betriebssystems Windows ausgeliefert. 2015 präsentiert Amazon den virtuellen Assistenten Alexa, der in verschiedenen Amazon-Geräten wie zum Beispiel Amazon Echo eingebaut ist (Baguley und McDonald 2016). Auch Facebook reagiert und liefert Messenger, eine Messaging-Plattform, die seit 2016 verschiedene Möglichkeiten zur Erstellung und Publikation von Chatbots anbietet (Cooper 2018). 2018 führt Google Duplex ein, der eine Funktionserweiterung von Google Assistant darstellt. Auf Anweisung des Benutzers kann Duplex selbstständig Anrufe tätigen und beispielsweise eine Tischreservierung oder einen Frisörtermin vereinbaren (Leviathan 2018).

Die Auswahl ist exemplarisch und nicht abschließend. Sie zeigt aber die wesentlichen Linien bei der Evolution von Chatbots auf: Frühe Systeme arbeiteten ausschließlich mit Mustererkennung und konnten gerade einen Dialog simulieren, während heutige Lösungen stark auf den Assistenten-Charakter fokussiert sind, mit dem Ziel, dem Benutzer in seiner Angelegenheit zur Seite zu stehen.

2.3 Klassifikation von Chatbots

Chatbots können nach verschiedenen Kriterien klassifiziert werden. Die zwei Kriterien, welche die Autoren als zentral betrachten, sind der *Verwendungszweck* (wofür kann der Chatbot genutzt werden) und die *Funktionsweise* (welche Techniken verwendet der Chatbot, um seine Aufgabe wahrzunehmen).

Verwendungszweck
Chatbots werden oft in die beiden Klassen *zielorientiert* (resp. *aufgabenorientiert*) und *nicht-zielorientiert* (resp. *nicht-aufgabenorientiert*) eingeteilt (Jurafsky und Martin 2018; Serban et al. 2017). Natürlich haben auch nicht-zielorientierte Chatbots einen Zweck. Es handelt sich jedoch nicht um die Lösung eines eng definierbaren Benutzerproblems (z. B. konkrete Informationsabfrage), sondern mehr um die Simulation einer sozialen Interaktion. ELIZA, PARRY oder auch Cleverbot sind allesamt Chatbots, die in diese Klasse fallen. Auf den ersten Blick sind nicht-zielorientierte Chatbots im Unternehmensumfeld von weniger Belang. Erste Erfahrungen der Schweizerischen Post mit Chatbots zeigen aber, dass bei der Gestaltung von Chatbots auch (soziale) Aspekte, die nicht mit dem primären Benutzerziel verknüpft sind, berücksichtigt werden sollten (mehr dazu in Kap. 4).

Zielorientierte Chatbots sollen dem Benutzer bei einem konkreten Anliegen helfen. Abhängig davon, in welcher Form die Hilfe für den Benutzer erfolgt, können zielorientierte Chatbots in zwei Subklassen unterteilt werden:

- **Informationsbot:** Antworten, Auskünfte oder Anleitungen zu Produkten, Dienstleistungen oder Prozessen eines Unternehmens liefern.
- **Transaktionsbot:** Eine bestimmte Tätigkeit für den Benutzer verrichten, wie zum Beispiel eine Fahrkarte kaufen, eine Reklamation aufnehmen oder ein Hotelzimmer reservieren.

Die beiden Subklassen überschneiden sich. Das heißt, manche Chatbots können sowohl als Informations- wie auch als Transaktionsbot bezeichnet werden. Beispiele dafür sind in Abschn. 3.2 zu finden.

Funktionsweise
Chatbots können in *regelbasiert, datenbasiert* und *formularbasiert* (engl. *frame-based*) unterteilt werden (Jurafsky und Martin 2018; Tur und de Mori 2011). Die Grenzen zwischen den Klassen sind aber unscharf, sodass ein Chatbot zu einem gewissen Grad Merkmale aller Klassen aufweisen kann.

Regelbasierte Chatbots konversieren nach fix definierten Regeln oder Muster. Sie können nur Inputs behandeln und Outputs erzeugen, die exakt von einer Regel oder einem Muster erfasst sind. Der Programmierer muss folglich bei der Implementierung eines Chatbots sämtliche möglichen Dialoge bedenken. Die einfachste Form, Input zu verarbeiten, besteht daraus, den Benutzer gar keinen Text eingeben, sondern die Eingabe aus einer Liste auswählen zu lassen. Weitere Strategien bei der regelbasierten Inputverarbeitung sind etwa die Suche nach Schlüsselwörtern oder nach Textmustern. In diesem Kontext werden häufig die Muster als reguläre Ausdrücke (engl. *regular expression*) formuliert. Dabei handelt es sich um eine Folge von Zeichen, die ein Suchmuster definieren (Sipser 2006).

Datenbasierte Chatbots hingegen können auch Dialogelemente verarbeiten, die der Entwickler nicht explizit einprogrammiert hat. Diese Fähigkeit verdanken sie Komponenten des maschinellen Lernens (engl. *Machine Learning*), welche freie Parameter und Variablen aufweisen, die mittels großer Datenmengen (Textkorpus) gesetzt werden (Serban et al. 2017). Datenbasierte Systeme sind flexibler als regelbasierte hinsichtlich Variationen im Input und Output. Allerdings verfügen die meisten kommerziellen datenbasierten Systeme oder Dienste über eine starre (vom Entwickler im Voraus zu definierende) Menge von Intents. Das heißt, sie lernen aus dem Korpus nicht selbstständig neue Intents. Sie lernen lediglich, wie ein menschlicher Benutzer eine vordefinierte Absicht äußern könnte.

Eine weitere Klasse von Chatbots, die im Unternehmensumfeld eine lange Tradition hat und häufig anzutreffen ist, bilden die formularbasierten Chatbots (Wang et al. 2011). Diese Bots arbeiten nach dem Prinzip, dass eine Benutzerabsicht immer mittels einer Menge von strukturierten Daten abgehandelt werden kann. Ein solcher Bot versucht zuerst herauszufinden, welche Formulare oder Datenobjekte zum Anliegen des Kunden passen. Anschließend erfragt er die einzelnen Attribute (bzw. Formularfelder) beim Benutzer oder extrahiert sie aus dessen Eingaben. Formularbasierte Bots können sowohl auf der Basis von Regeln wie auch mittels Verfahren operieren, die auf der Basis von Daten angelernt oder parametriert sind.

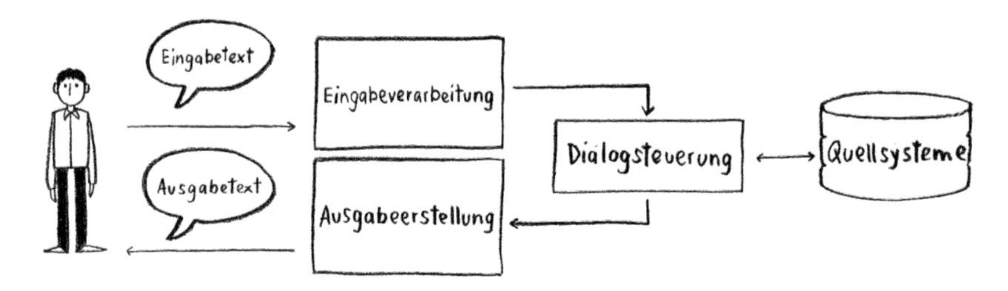

Abb. 2.2 Logische Architektur eines Chatbots (vereinfacht dargestellt)

2.4 Aufbau eines Chatbots

Zwischen der ersten Demonstration von ELIZA (1966) und der Integration von Siri in die Mobiltelefone von Apple (2011) liegen über vierzig Jahre. Die Rechen- und Speicherleistungen der eingesetzten Systeme sind in dieser Zeit um Potenzen gewachsen. Die Aufgabe ist aber gleichgeblieben: Auf eine Eingabe des Benutzers angemessen zu reagieren, das heißt, eine zum Kontext passende Antwort zu liefern und unter Umständen weitere Aktionen auszulösen. Diese Aufgabe spiegelt sich in der logischen Architektur eines Chatbots wider (s. Abb. 2.2).

Im Normalfall startet der Dialog zwischen Benutzer und Chatbot, wenn der Benutzer eine Eingabe (z. B. in Form einer Frage, wie „Wo ist mein Paket?") tätigt. Diese Frage versucht nun die Eingabeverarbeitung zu verstehen, weshalb die Funktion oder Aufgabe dieser Komponente auch als *Natural Language Understanding* bezeichnet wird. Dabei muss der Chatbot herausfiltern, wonach der Benutzer sucht beziehungsweise was seine Absicht (engl. *intent*) ist. Das erfordert die Transformation der Benutzereingabe in ein maschinenlesbares Format. Bei Chatbots für gesprochene Sprache muss zuallererst der Tonstrom in einen segmentierten Text transkribiert werden.[2]

In diesem *essential* fokussieren sich die Autoren auf textbasierte Chatbots und gehen davon aus, dass die Eingabe bereits als Text vorliegt. Dieser muss zuerst gesäubert beziehungsweise vereinheitlicht werden (engl. *data cleaning*): Es werden etwa Tippfehler korrigiert, Satzzeichen entfernt oder Groß- und Kleinschreibung konsistent geführt. Des Weiteren kann eine Stoppwortliste eingesetzt werden. Diese ermöglicht, aus der Eingabe Wörter ohne wesentlichen semantischen Inhalt, wie

[2]In kommerziellen Systemen oder Diensten wird diese Funktion oder Aufgabe meist als *Speech-to-Text* bezeichnet.

beispielsweise Artikel, im Voraus zu entfernen. Dann muss die Eingabe formal aufbereitet werden. Dafür werden Methoden des *Natural Language Processing* verwendet, wobei Natural Language Processing als Disziplin verstanden wird, welche sich mit Methoden befasst, die Computern den Umgang mit natürlicher Sprache ermöglicht. Das umfasst sowohl das bereits erwähnte *Verstehen* (Natural Language Understanding) als auch das *Erzeugen* (Natural Language Generation) von natürlicher Sprache.

Im Natural Language Processing wird meist zwischen syntaktischen und semantischen Methoden unterschieden. Die syntaktischen Methoden konzentrieren sich auf die Strukturen des Satzes und die Funktionen der einzelnen Elemente darin, wie etwa Konstituenten, Wörter und Morpheme. Die semantischen Methoden fokussieren sich hingegen auf die Bedeutung dieser Elemente. Für eine umfassende Darstellung der verschiedenen Methoden des Natural Language Processing siehe zum Beispiel die Werke von Kurdi (2016, 2017). Die Auswahl der Methoden hängt jeweils von der Problemstellung, den verfügbaren Daten und ihrer Qualität sowie Vollständigkeit, aber auch von der Zielsetzung ab. Die ausgewählte Kombination von Methoden muss daher fortlaufend (d. h. in Design- und Produktionsphase) getestet, evaluiert und optimiert werden.

Nach der Benutzung von passenden Methoden des Natural Language Processing liegt die Frage in einer aufbereiteten oder normalisierten Form vor (d. h. die wesentlichen Stichwörter für die mögliche Absicht sind aus der Eingabe extrahiert und klassifiziert) und das *Intent Matching* sowie das *Slot Filling* können beginnen. Beim Intent Matching versucht der Chatbot aus der aufbereiteten Eingabe die Absicht des Nutzers abzuleiten. Zum Beispiel möchte der Benutzer wissen, wie das aktuelle WLAN Passwort lautet. Beim Slot Filling sucht der Chatbot hingegen nach Dialogelementen, die auf ein bestimmtes Attribut (sog. *Entität*) eines strukturierten Geschäftsdatenobjekts verweisen könnte, beispielsweise auf eine Sendungsnummer eines Pakets oder die Inventarnummer eines Bürogerätes. Slot Filling ist daher eine Kernaufgabe aller formularbasierten Chatbots (Jurafsky und Martin 2018; Wang et al. 2011). Sobald die Eingabeverarbeitung die Absicht und allfällige Entitäten bestimmt hat, gibt sie diese an die Steuerung weiter.

Die Steuerung entscheidet dann, wie mit einer Benutzerabsicht verfahren werden soll. Sie kann zum Beispiel auf Quellsysteme (engl. *back-end systems*) zugreifen und Informationen aus einer Wissensdatenbank beziehen oder in einem anderen System eine Aktion auslösen. Wenn der Chatbot nicht nur Frage-Antwort-Muster, sondern mehrstufige Dialoge unterstützt, so muss diese Komponente auch den Zustand des Dialogs verwalten. Das heißt, sie muss sich merken, was der Benutzer bereits gesagt hat, in welchem Kontext die Äußerungen des Benutzers zu verstehen sind und welche Information allenfalls noch zu erfragen sind. Für die Abbildung oder Implementierung von mehrstufigen Dialogen, insbesondere in formularbasierten Chatbots, nutzen viele Chatbots endliche Automaten (Jurafsky und Martin 2018; Suendermann und Pieraccini 2011), die in den gängigen Entwicklungsframeworks oft als Konversationspfade oder -flüsse bezeichnet werden (vgl. z. B. Google Cloud o. J.; Microsoft Azure o. J.).

Sobald die Steuerungskomponente alle Informationen für eine passende Antwort versammelt hat, gibt sie diese an die Antworterzeugung weiter. Wie beim Intent Matching sind auch hier Mechanismen von verschiedener Komplexität denkbar. Einfache Chatbots verfügen über einen Satz von vordefinierten Aussagen für die einzelnen Absichten und geben daher immer statische Antworten vor. Bei manchen Chatbots sind die Antworten noch parametriert und können mit Informationen, welche die Steuerungskomponente aus Quellsystemen erhoben hat, angereichert werden. Sie arbeiten mit sogenannten Platzhaltern. Auf einem noch höheren Komplexitätslevel ist die Komponente sogar in der Lage, aus einigen wenigen strukturierten Daten dynamisch vollständige Antwortsätze zu generieren. Bei Chatbots für gesprochene Sprache müssen diese Antworten anschließend wieder in Ton umgewandelt werden.[3]

[3]In kommerziellen Systemen und Diensten wird diese Funktion oder Aufgabe meist als *Text-to-Speech* bezeichnet.

Chatbots bei der Schweizerischen Post 3

Einem experimentellen Vorgehen folgend, hat sich die Schweizerische Post in der Vergangenheit in mehreren Projekten mit textbasierten Chatbots beschäftigt. All diese Vorhaben hatten zum Ziel, über die Phase der theoretischen Betrachtung hinauszukommen und ein berühr- respektive erlebbares System zu entwickeln. Ein Chatbot der Schweizerischen Post hat es bereits zur effektiven Produktreife gebracht, die anderen befinden sich noch in der Proof of Concept- oder Pilotphase. Nachfolgende Abschnitte liefern eine Übersicht dieser Projekte und diskutieren die wesentlichen Aspekte eines Chatbots.

3.1 Chatbot-Projekte

Die Schweizerische Post beschäftigte sich in unter anderem in folgenden Projekten mit Chatbots: *Metis, Smart Assistant, Custom Smart, Chatting Building, UHD-Chatbot* und *Chatbot4Post.* Abb. 3.1 zeigt den digitalen Assistenten von PostFinance, *Chatting Building* des Bereichs Immobilien der Schweizerischen Post sowie den Prototypen aus dem Projekt *Chatbot4Post.*

Das Projekt *Metis* (dt. kluger Rat) von PostFinance wurde bereits im Jahr 2016 gestartet. Ziel dieses Projektes war es, einen digitalen Assistenten in Form eines textbasierten Chatbots für repetitive Kundenanfragen im Bereich der Produkte und Dienstleistungen von PostFinance aufzubauen, um allgemeine Kundenanfragen automatisiert und mit hoher Qualität abzuwickeln. Im August 2017 hat das Projekt seinen ersten Meilenstein erreicht, indem es auf der Homepage von PostFinance (PostFinance o. J.b) den Chatbot aufschaltete. Dieser kann seither von jedem Kunden über den Menüpunkt „Chat mit dem digitalen Assistenten“ auf der Homepage aufgerufen und in deutscher und französischer

T. Stucki et al., *Chatbots gestalten mit Praxisbeispielen der Schweizerischen Post,* essentials, https://doi.org/10.1007/978-3-658-28586-9_3

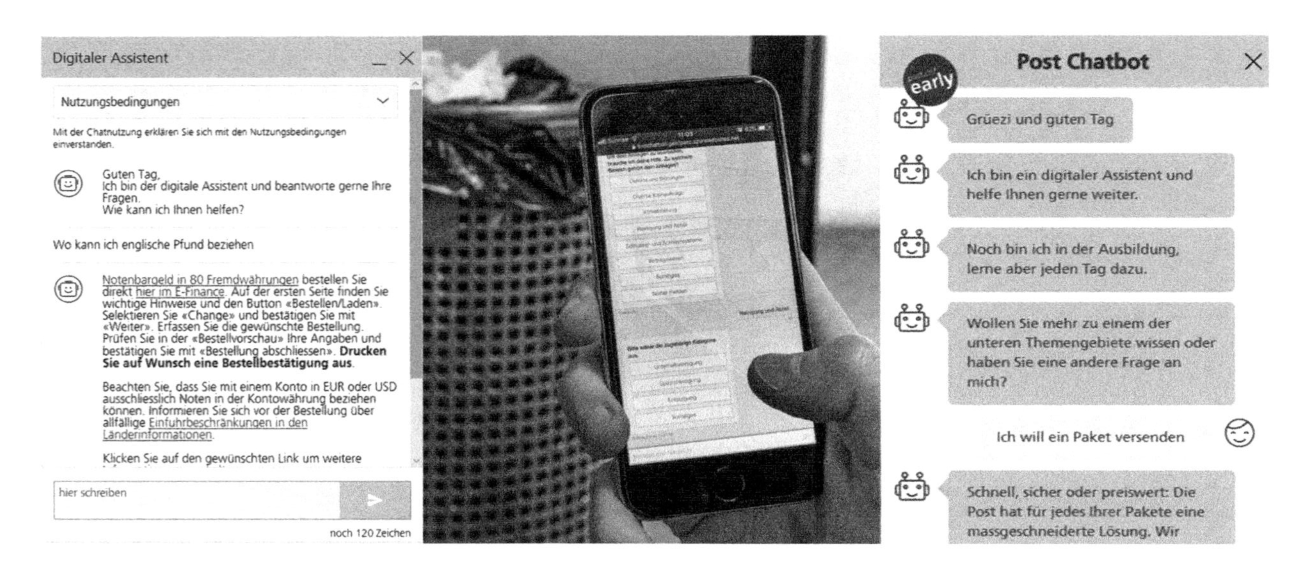

Abb. 3.1 Digitaler Assistent PostFinance (Quelle: postfinance.ch), *Chatting Building* (Quelle: Bereich Immobilien der Schweizerischen Post), *Chatbot4Post* (Quelle: Post Informatik)

Sprache verwendet werden. Der Chatbot liefert neben Informationen auch Navigationshilfen sowie *Deeplinks,* die den Kunden auf die gewünschten Seiten oder Dienste führen (um z. B. Adressänderungen vorzunehmen). Seit März 2019 wird der Chatbot auf bestimmten Seiten der Homepage auch als *push* angeboten. Das Projekt *Metis* läuft aufgrund der guten Resonanz seitens der Kunden weiter. Daher sind für den Chatbot von PostFinance verschiedene Erweiterungen denkbar, wie beispielsweise den Chatbot auf zusätzlichen Kanälen (z. B. der Mobile App von PostFinance) anzubieten, weitere Sprachen einzubauen oder den Chatbot auch mittels gesprochener Sprache ansteuern können.

Smart Assistant – PostNetz

Der Post-Bereich PostNetz, welcher die Kundenzugangspunkte (Filialen, Briefkasten, Paketautomaten, usw.) der Schweizerischen Post bewirtschaftet, hat 2017 das Projekt respektive die Studie *Smart Assistant* durchgeführt. Die Studie bezweckte, Softwareprototypen von virtuellen Assistenten zu erstellen und sie auf populären Kanälen (z. B. Social Media-Plattformen) erreichbar zu machen, die nicht von der Schweizerischen Post bewirtschaftet werden. Hierbei sollte evaluiert werden, ob mittels virtueller Assistenten wiederkehrende Anliegen einfach und nahe am Kunden (d. h. in seinen gewohnten Kommunikationskanälen) abgewickelt werden können. Als Ergebnis der Studie liegt ein Prototyp für den textbasierten Kanal Facebook Messenger vor. Bei diesem Prototypen kann der Kunde sowohl Freitext eingeben als auch Elemente in vordefinierten Listen auswählen, woraus der Chatbot Auskünfte zu Filialen und deren Öffnungszeiten sowie zum Lieferstatus von Sendungen geben kann.

Custom Smart – PostLogistics

Das Innovationsprojekt *Custom Smart* hat PostLogistics, die Paketorganisation der Schweizerischen Post, ins Leben gerufen. Um die Dienstleistung rund um den Bereich *Paket empfangen* zu optimieren, wurde ein Softwareprototyp eines Chatbots entwickelt, welcher es den Kunden der Schweizerischen Post erlaubt, Zollauslagen für Pakete zu begleichen sowie Ort und Zeit der Sendungszustellung zu bestimmen. Viele dieser zollpflichtigen Sendungen können beim ersten Mal nicht zugestellt werden, weil bei der Zustellung der Kunde meist nicht zu Hause ist und somit die Sendung weder empfangen noch bezahlen kann. Dies macht eine zweite Zustellung erforderlich, welche mit beträchtlichen Prozesskosten verbunden ist. Der Chatbot soll in einem produktiven Einsatz dazu beitragen, die Erstzustellquote von zollpflichtigen Sendungen zu erhöhen und damit die Zustellkosten insgesamt zu senken. Der Pilot-Bot stieß bei den Testkunden auf große Resonanz und sein Kosteneinsparungspotenzial wird nach wie vor als hoch eingeschätzt.

UHD-Chatbot – Post Informatik

Die Post Informatik betrachtet Chatbots als möglichen zusätzlichen Kanal, um Fragen der eigenen Mitarbeiter effizienter zu beantworten. Der Chatbot soll einerseits den Aufwand für die Informationsfindung der Mitarbeiter reduzieren und andererseits den Arbeitsaufwand der Mitarbeiter des Service Desk (ehemalig User Help Desk) verlagern. Einfache Anfragen, wie beispielsweise benötigte Hilfestellung bei der Installation einer Software, sollen durch den Chatbot gelöst werden. Komplexere Probleme, wie nicht funktionierende Anwendungen oder fehlender Zugriff auf unternehmensinterne Online-Dienste, sollen weiterhin durch Agenten des Services Desks bearbeitet werden. Deshalb hat die Post Informatik mit dem Projekt *UHD-Chatbot* einen Proof of Concept für den Einsatz eines textbasierten Chatbots als zusätzlichen Kanal des internen Service Desk durchgeführt. Im Rahmen dieses Proof of Concept hat die Post Informatik zwei Softwareprototypen erstellt, die über den Chatkanal Antworten auf häufig gestellte Fragen liefert. Einer basiert dabei ausschließlich auf Produkten von Microsoft, während der andere, Produkte von Microsoft mit Open-Source-Komponenten kombinierte. Die hybride Version wurde entwickelt, um ein besseres Verständnis über die Eingabeverarbeitung und Ausgabeerzeugung zu erlangen.

Chatting Building – Post Immobilien

Chatting Building war ein Pilotprojekt, welches der Bereich Immobilien der Schweizerischen Post im Jahr 2018 durchgeführt hat. Post Immobilien bewirtschaftet eines der größten Immobilienportfolios der Schweiz. Dazu gehören Gebäude, die von der Schweizerischen Post selbst genutzt werden, wie etwa Briefzentren oder Filialen, aber auch extern vermietete Liegenschaften an zentraler Lage mit einer heterogenen Mieterschaft und hoher Besucherfrequenz. Gerade an diesen Orten sind die Gebäudemanager mit einer Vielzahl von Anliegen – von den Reklamationen verschmutzter Toiletten über die Meldung defekter Gebäudeinstallationen bis hin zu Anfragen zum Mietvertrag – konfrontiert. Diese Anfragen gelangen über alle möglichen Kanäle wie Telefon, E-Mail oder SMS zu den Gebäudemanagern. Um diese Anfragen zu kanalisieren und zu vereinheitlichen sowie ihre Bearbeitung effizienter zu gestalten, hat Post Immobilien den Nutzern und Mietern zweier stark genutzter Gebäude in der Stadt Bern einen Chatbot zur Verfügung gestellt.

Chatbot4Post – Die Schweizerische Post

Das Projekt *Chatbot4Post* ist eine Initiative mehrerer Geschäfts- und Managementbereiche der Schweizerischen Post, um eine übergreifende Architektur und Systematik für Chatbots zu erarbeiten. Dieser Ordnungsrahmen soll sicherstellen, dass die verschiedenen Bots zentral erreicht und verwaltet sowie, dass Synergien beim Aufbau sowie Betrieb der Bots genutzt werden können. Ohne klare Konzepte für Zugänge und Bewirtschaftung sowie entsprechende technische Architekturen läuft die Schweizerische Post Gefahr, dass die Chatbots inkonsistent sind und dass die Kunden den Überblick verlieren, welcher Bot bei welchem Problem helfen kann. Chatbots sind neue Lösungstypen, die neue Fähigkeiten erfordern, welche selbst in einem großen Konzern dünn gesät sind. Der Aufbau einer gemeinsamen, interdisziplinären Wissensbasis muss daher unbedingt angestrebt werden. Im Jahr 2018 hat das Projekt die konzipierten Architekturmuster mittels Proof of Concept verifiziert und eine Bot-Systematik erarbeitet. Zur Prüfung der Architekturmuster, welche im Kern aus einem Bot-Orchestrator und verschiedenen Spezialistenbots bestehen, wurden zwei Spezialistenbots implementiert: Der eine, *Bot Briefe und Pakete* genannt, leistet Unterstützung zu Briefen und Paketen und kann als Nachfolger des oben erwähnten *Smart Assistant* betrachtet werden; der andere, *PostConnect-Bot* genannt, beantwortet Fragen zu einer internen Sharepoint-Plattform. In naher Zukunft soll nun die Bot-Plattform respektive Rahmenarchitektur implementiert und in den produktiven Betrieb überführt werden.

3.2 Klassifikation der Chatbots

Alle von der Schweizerischen Post implementierten Chatbots sind aufgabenorientiert. Sie bieten dem Benutzer Hilfe in einer bestimmten Geschäftsdomäne. Die Zuteilung in die Klassen Informationsbots und Transaktionsbot kann wie in Abb. 3.2 gezeigt dargestellt werden.

Der digitale Assistent von PostFinance ist ein reiner Informationsbot, in welchem zwei Antwortklassen zu finden sind: *Knowledge-Base-Antworten* und *Option Nodes*. Die erste Klasse repräsentiert die finalen Antworten für spezifische Fragen, während die zweite den Kunden durch einen Dialog mit mehreren Wegen und Antworten (mittels Entscheidungsbäume) führt. Auch der *PostConnect-Bot* ist ein reiner Informationsbot. Im Gegensatz zum digitalen Assistenten von PostFinance unterstützt er nur einfache Frage-Antwort-Muster. Die Bots *Smart Assistant, Briefe und Pakete* sowie der *UHD-Chatbot* sind sowohl Informations- als auch Transaktionsbots. Sie beantworten zum einen Fragen, verfügen aber auch über einzelne Intents, mittels derer letztendlich Aktionen ausgelöst werden können, wie beispielsweise die Änderung der Empfangsmodalitäten für Sendungen oder die Erstellung von Service-Tickets. *Chatting Building* und *Custom Smart* sind reine Transaktionsbots. Als Ergebnis der Konversation liegt bei *Chatting*

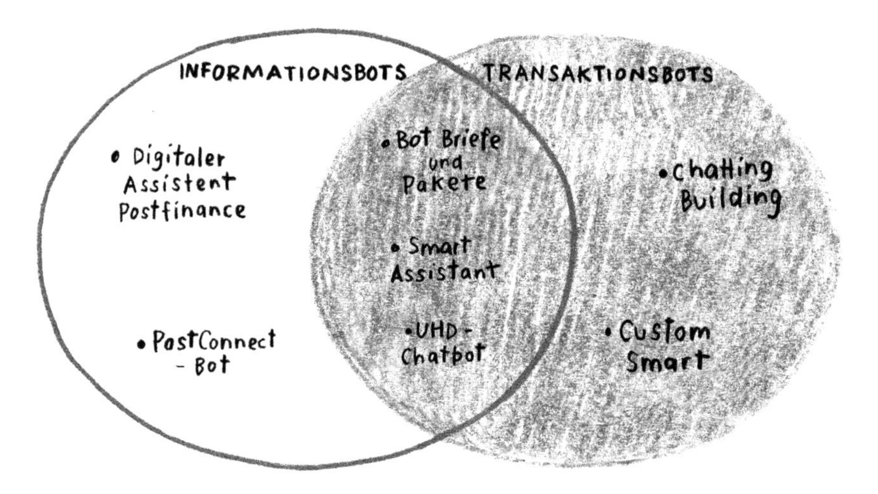

Abb. 3.2 Klassifikation der Chatbots

Building ein Auftrag an das Gebäudemanagement und bei *Custom Smart* eine Bezahlung sowie eine Empfangsdefinition für ein Paket vor. Zudem sind die beiden Bots formularbasiert[1] und arbeiten nach ausprogrammierten Regeln. In einem linearen Dialog fragen sie beim Benutzer bestimmte Daten ab, die an definierten Slots in die Formulare eingefügt werden. Der Benutzer kann die Eingabewerte aus einer Liste auswählen oder selbst eintippen. Die eingegebenen Werte werden ohne sprachverarbeitende Operationen direkt in die Slots abgefüllt. *UHD-Chatbot, Smart Assistant* und der Bot *Briefe und Pakete* funktionieren hinsichtlich ihrer transaktionalen Eigenschaften nach dem gleichen regelbasierten Mechanismus wie *Chatting Building* und *Custom Smart.* Die Fähigkeit, Fragen zu beantworten – betrifft in erster Linie die Informationsbots –, muss hingegen mit Dialogdaten trainiert werden und ist so zumindest zu einem Teil einem datenbasierten Ansatz zu verdanken. Inwiefern auch explizite definierte Regeln zum Zuge kommen, lässt sich bei diesen Bots nicht sagen, da für die Sprachverarbeitung Cloud-Dienste Verwendung finden, in deren Implementierung die Schweizerische Post keinen Einblick hat.

[1]Transaktionsbots sind nicht notwendigerweise formularbasiert. Allerdings liegt dieses Konstruktionsprinzip den meisten kommerziellen, transaktionsorientierten Chatbots zugrunde (Jurafsky und Martin 2018; Tur und de Mori 2011).

3.3 Anwendungsfälle

Chatbots sind Dialogsysteme. Deshalb hat die Schweizerische Post mögliche Anwendungsfelder für Chatbots zuerst an dialogintensiven Kundenschnittstellen gesucht. Die bekannteste Schnittstelle ist der Kundendienst, an welchen sich die Kunden per Telefon, E-Mail oder via Social-Media-Kanäle mit ihren Anliegen wenden. Die Anliegen können in ihrer Komplexität variieren. Während einfache Problemstellungen, etwa eine Frage zu Paketkosten, relativ schnell zu beantworten sind, können komplexere Probleme, wie ein nicht funktionierendes E-Banking-Konto, längere Zeit beanspruchen. Damit der Kundendienst weiterhin qualitative Arbeit leisten kann, soll nun versucht werden, mittels textbasierter Chatbots einen weiteren Eintrittskanal für Kunden aufzubauen, welcher erlaubt, (mehrheitlich einfache und nicht komplexe) Kundenanliegen rund um die Uhr mit gleich hoher Qualität zu behandeln. Das heißt, für ähnliche Anliegen bekommen die Kunden dieselbe kompetente Antwort. Chatbots können also einfachere Anfragen übernehmen und die Agenten durch vorbereitende Tätigkeiten, wie zum Beispiel die Entgegennahme eines Anliegens, entlasten. Falls das Anliegen nicht mithilfe von Chatbots gelöst werden kann, soll der Chatbot den Kunden auf andere Kanäle (bzw. an Kundendienst-Agenten) lenken können. Die Projekte *Metis, Smart Assistant, UHD-Chatbot und Chatbot4Post* lassen sich allesamt als Bestrebungen zur Entlastungen des Kundendiensts deuten.

Weitere Anwendungsfelder wurden in der Zustellung ausgemacht. Eine der Hauptaufgaben der Schweizerischen Post liegt darin, Briefe und Pakete zuverlässig, pünktlich und schnell zu liefern. Damit dies gelingt, muss die Schweizerische Post wissen, welche Anforderungen ein Kunde stellt. Auch hier ist ein Chatbot als Kommunikationsmittel denkbar, der herausfinden kann, wann und wohin der Kunde sein Paket geliefert haben will, und ihm zudem anbieten kann, gewisse Annahmeformalitäten auf digitalem Weg abzuwickeln. In diesem Bereich ist der Chatbot des Projekts *Custom Smart* angesiedelt. Er ermöglicht es dem Kunden, gebührenpflichtige Sendungen zu empfangen, ohne dass er den Paketboten zu Hause abwarten muss, um die Zollgebühr zu entrichten und den Empfang zu quittieren.

Auch im Bereich der Gebäudebewirtschaftung hat die Schweizerische Post den Einsatz von Chatbots untersucht. Büro- und Verkaufsflächen sind meist stark genutzt, was zu vielen Anfragen beim Gebäudemanagement (engl. *Facility Management*) führt. Post Immobilien prüft daher, ob derartige Anfragen über Chatbots automatisiert entgegengenommen und kanalisiert der Gebäudeverwaltung übermittelt werden können. Auf diese Weise können Mieter einfach und rund um die Uhr ihre Anliegen aufgeben und die Gebäudeverwaltung hat einen besseren Überblick über eingereichten Anliegen und deren Bearbeitungsstatus. Zudem kann das Fachpersonal entlastet werden, da sie sich nur noch um die Bearbeitung der Anliegen kümmern müssen. Post Immobilien als Vermieterin hat eine vollständige Einsicht in alle Aufträge und kann überdies durch die effizientere Bearbeitung der Anliegen Kosten senken. Einen weiteren Anwendungsfall für einen Chatbot, den Post Immobilien ausgemacht hat, ist die Lenkung der Mitarbeitenden in großen Bürogebäuden mit Shared-Desk-Modellen. Ein Chatbot könnte hier in Echtzeit Auskunft über die Auslastung in den verschiedenen Gebäudetrakten geben, wie beispielsweise Informationen zur Verfügbarkeit von Sitzungszimmern, die zwar oft schon gebucht sind, aber öfters dann doch nicht genutzt werden. Sogar der momentane Standort eines bestimmten Projektteams könnte mithilfe eines Chatbots herausgefunden respektive kommuniziert werden.

Potenzielle Anwendungsfelder für Chatbots gibt es natürlich noch viele mehr. Im Bereich der Innovationsvorhaben bei der Schweizerischen Post lässt sich momentan beobachten, dass immer mehr Lösungsideen auf Chatbots statt auf mobile Applikationen oder Webseiten als Eintrittspunkt beruhen, unabhängig davon, ob es sich um eine interaktive Balanced Scorecard für das Top-Management oder ein Planungstool für Reinigungskräfte handelt.

3.4 Eintrittspunkte

Um eine Kommunikation mit einem Chatbot zu starten, gibt es diverse Eintrittspunkte, wie zum Beispiel die eigene Homepage, Messaging-Plattformen oder Applikationen auf mobilen Geräten (Smartphones, Tablets, Smart Watches, etc.). In der Schweizerischen Post wurden verschiedene Optionen umgesetzt: PostFinance platzierte beispielsweise ihren Chatbot auf ihrer Homepage sowie im E-Finance-Portal. Der *Smart Assistant* von PostNetz soll hingegen auf populären Kanälen wie Facebook oder Twitter ansprechbar sein, weshalb ein Prototyp für den Textkanal Facebook Messenger gebaut wurde. Dieser wird es dem Kunden ermöglichen, neben dem klassischen Kundendienst, auf vertrauten Plattformen mit der Schweizerischen Post in Kontakt zu treten.

Das Projekt *Custom Smart* publizierte den Chatbot als eigene Webapplikation. Ausgelöst wird der Dialog, indem der Kunde eine Nachricht (SMS, Push oder Mail) mit einem Link auf den Chatbot erhält. Der UHD-Chatbot wird ebenfalls als eigene Webapplikation angeboten. Allerdings soll der Chatbot sobald wie möglich über die interne Messaging-Lösung *Skype for Business* von Microsoft angesprochen werden können. Im Moment kommt dies aufgrund technischer Beschränkungen des Lieferanten Microsoft nicht in Betracht.

Post Immobilien hat den Bot *Chatting Building* ebenfalls als eigene Webapplikation angeboten. Damit die Mieter und Gebäudenutzer den Bot einfach aufrufen können, wurden im Gebäude an verschiedenen Stellen Informationstafeln mit QR-Code-Links auf die Webadresse des Bots platziert. Post Immobilien hat aber auch schon Versuche gemacht, Smart Speaker an strategischen Lagen im Gebäude zu platzieren und über diese Geräte Eintrittspunkte für (sprachbasierte) Chatbots anzubieten.

Das Projekt *Chatbot4Post* hat die beiden Bots *PostConnect* sowie *Briefe und Pakete* als Webapplikationen angeboten. In der nächsten Phase soll das Projekt die übergeordnete Architektur für die einzelnen Bots und damit auch wiederverwendbare Komponenten liefern. Dazu gehört auch eine Adapter-Komponente (siehe Abb. 3.3), welche die Anbindung der verschiedenen Eintrittspunkte vereinfacht und als Implementierung des Fassade-Musters aus der Softwarearchitektur (Gamma et al. 1995) betrachtet werden kann.

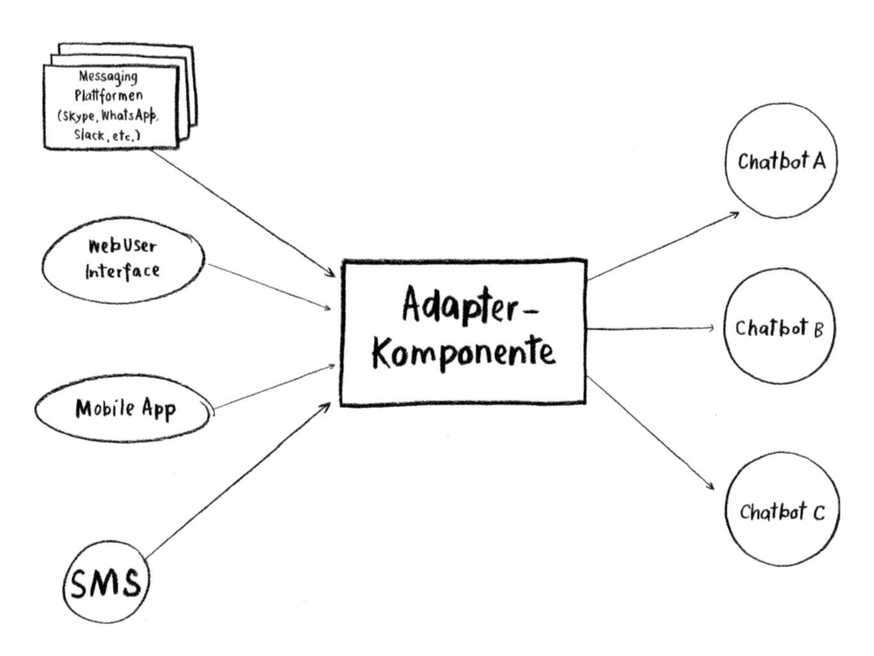

Abb. 3.3 Adapter-Komponente für Eintrittspunkte

Diese Adapter-Komponente kapselt den Zugriff der Eintrittspunkte ein. Die einzelnen Bots brauchen somit nicht die detaillierte Implementierung der Eintrittspunkte zu kennen, sondern müssen nur die Schnittstelle der Adapter-Komponente bedienen, um in beliebigen Kanälen erreichbar zu sein.

3.5 Technologien und Marktlösungen

Die Schweizerische Post hat für den Aufbau ihrer Chatbots mit verschiedenen Technologien gearbeitet. Dazu gehören Lösungen der Unternehmen Nuance, Microsoft, Amazon Web Services, Google oder Rasa.

Das Produkt Nina von Nuance bildet die Basis für den digitalen Assistenten von PostFinance. Es handelt sich dabei um eine Standardlösung, die einen redaktionellen Ansatz verfolgt. Das heißt, die Antworten des Chatbots müssen vollständig manuell redigiert werden. Für die Pflege dieser Inhalte, die Erstellung der Dialogbäume sowie die Auswertung der erfolgten Konversationen bietet die Lösung von Nuance ein ausgereiftes Set an Bordmitteln. Kognitive oder lernende Dienste kommen nur für die Eingabeverarbeitung zum Zuge. Diese Dienste werden von PostFinance mittels großer Mengen von aufbereiteten Daten fortlaufend selber trainiert.

In allen anderen Projekten hat die Schweizerische Post nicht auf Komplettlösungen gesetzt, sondern Elemente von Microsoft, Amazon Web Services, Google oder Rasa eingesetzt, welche Bausteine für Chatbot-Lösungen bieten. Jeder der genannten Anbieter hat dabei einen Baukasten oder Technologiestack, um einen Bot vollständig aufzubauen. In diesen Baukästen finden sich meist die folgenden Elemente:

- **Bot Framework:** Bibliotheken oder Objekte zur Programmierung der Chatbot-Logik (d. h. Definition der Konversationsflüsse und Dialoge sowie Orchestrierung aller Absprünge auf etwaige Transaktionssysteme oder Wissensquellen).
- **Konnektoren:** Adapter zur Verbindung mit verbreiteten Kommunikationskanälen, wie zum Beispiel Facebook Messenger oder WhatsApp.
- **Natural Language Processing:** Dienste und/oder Modelle (oft auf maschinellem Lernen basiert), um aus Kundenäußerungen Absichten und Entitäten zu extrahieren.
- **Dialog Analytics:** Werkzeuge und Funktionen um Dialoge aufzuzeichnen und auszuwerten.

Da der Markt für Chatbot-Lösungen noch wenig konsolidiert ist, hat die Schweizerische Post bislang noch keinen strategischen Technologieentscheid getroffen. Die übergreifende Architektur, welche das Projekt *Chatbot4Post* implementieren soll, ist so konzipiert, dass sie mit technologischer Heterogenität umgehen kann. Das heißt, alle Komponenten der Plattform, welche die einzelnen Spezialistenbots gemeinsam verwenden (z. B. Authentifizierung oder Logging), bieten ihre Funktionen über Schnittstellen an, die von der zugrunde liegenden Technologie abstrahiert sind. Sollte dereinst ein Produkt oder eine Technologie auserkoren werden, werden Kriterien zu Datenschutz, Informationssicherheit sowie Prozess- und Datenhoheit zentral sein.

Die oben erwähnten Dienste für das Natural Language Processing werden oft als Cloud-SaaS *(Software-as-a-Service)* angeboten. Die Dialogdaten fließen damit in Systeme, die nicht in eigener Hoheit sind. Die Anbieter garantieren zwar, dass die Daten konform zur Datenschutz-Grundverordnung (DSGVO) behandelt werden, räumen aber auch ein, dass die Daten zur Optimierung der Sprachmodelle eingesetzt werden (vgl. z. B. Microsoft o. J.). Wer dies nicht möchte, muss zwangsläufig die Sprachmodelle selber bewirtschaften, mit anderen Worten selbst konfigurieren, trainieren und weiterentwickeln. Gerade bei Modellen des maschinellen Lernens ist dies herausfordernd, da spezielles Wissen (bspw. über künstliche neuronale Netze (Karayiannis und Venetsanopoulos 1993)) benötigt wird und große Mengen von gut redigierten Trainingsdaten notwendig sind.

3.6 Funktionsweise der Chatbots

Alle Chatbots der Schweizerischen Post basieren auf einer ähnlichen Verarbeitungskette (siehe Abb. 3.4).[2] Jede Äußerung eines Benutzers wird zuerst von der Eingabeverarbeitung entgegengenommen, welche den Input vorbereitet und dann sowohl syntaktisch als auch semantisch aufbereitet (wie bereits in Abschn. 2.4 erläutert). Diesen aufbereiteten Input versucht die Komponente einer Absicht zuzuordnen *(Intent Matching)* und Geschäftsobjekte *(Entitäten)* respektive deren Attribute zu extrahieren *(Slot Filling)*. Diese Absicht wird an die Dialogsteuerung übergeben, welche den Zustand des Dialogs überprüft, nachführt und gegebenenfalls Quellsysteme aufruft, um zusätzliche Informationen

[2]Ausgenommen davon sind die Spezialistenbots aus dem Projekt *Chatbot4Post,* deren Verarbeitungskette aufgrund des Zusammenspiels mit dem Bot-Orchestrator von der Darstellung abweicht.

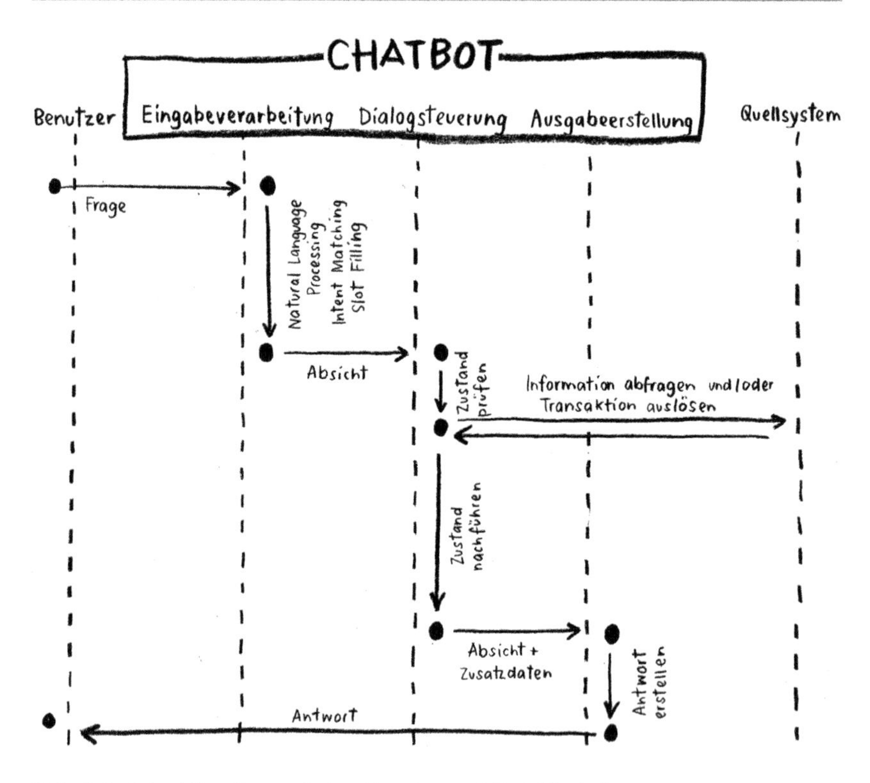

Abb. 3.4 Interaktionsfluss zwischen Benutzer und Post-Chatbots

zu beziehen oder Transaktionen auszulösen. In der Folge übermittelt die Steuerung die für die Antworterstellung notwendigen Informationen (d. h. Absicht und zusätzliche Daten aus den Quellsystemen) an die Komponenten für die Antworterstellung. Diese gibt schließlich dem Benutzer die Antwort, welche auch eine Folgefrage sein kann.

Wird für die Eingabeverarbeitung auf Cloud-Dienste gesetzt, so ist die Auseinandersetzung mit Natural Language Processing Methoden nicht notwendig (aber aus Sicht der Autoren dennoch wünschenswert). Die Entscheidung, welche Methoden in welcher Reihenfolge angewendet und wie sie trainiert werden sollen, übernimmt der Cloud-Dienst (bzw. dessen Anbieter). Dies war zum Beispiel im Projekt *Smart Assistant* oder *UHD-Chatbot* der Fall, wo der Cloud-Dienst

LUIS *(Language Understanding Intelligent Service)* von Microsoft zum Einsatz kam. Dieser war für das ganze Intent Matching zuständig, ohne dass die Schweizerische Post genau wusste, welche Schritte für die Sprachverarbeitung im Hintergrund getätigt wurden.

Im Proof of Concept des Projekts *Chatbot4Post* hingegen wurde mit den Werkzeugen des maschinellen Lernens von Rasa gearbeitet. In diesem Fall mussten im Einzelnen die Sprachverarbeitungsschritte definiert und trainiert werden. Intent Matching und Slot Filling musste die Schweizerische Post in allen Projekten selbst betreuen. Das Training dieser Komponenten erfolgte, indem die Chatbots als Trainingsdaten zusammenpassende Paare von Äußerungen und Absichten (oder Slot-Werten) erhielten. Auf diese Weise lernten sie, die richtigen Kombinationen zu erkennen und ein Verfahren abzuleiten, welches sodann für das Intent Matching oder Slot Filling verwendet werden konnte. Diese Art des Trainierens mit Daten, bei welchen Inputs mit erwarteten Outputs verknüpft sind, wird im maschinellen Lernen auch als überwachtes Lernen (engl. *supervised learning*) bezeichnet.

Einige Chatbots bieten nach Abschluss der Konversation eine Feedback-Funktion, damit der Benutzer mitteilen kann, ob die Antwort nützlich war. Die Feedback-Funktion kann von einer einfachen Antwortauswahl (bspw. eine Bewertungsskala mit bis zu fünf Sternen) bis hin zu einem freien Textfeld (d. h. Feedback in eigenen Worten) variieren. Die Feedback-Funktion ist besonders für datengetriebene Chatbots von hoher Relevanz. Aus den Feedbacks können neue Trainingsdaten gewonnen werden, wodurch die Leistungsfähigkeit des Chatbots kontinuierlich gesteigert werden kann.

Abgesehen von Natural Language Processing, Intent Matching und Slot Filling sind alle Funktionen oder Verhaltensweisen der Post-Chatbots streng deterministisch respektive explizit programmiert. Die Liste der Absichten oder die Dialogbäume sind statisch und können nicht vom System selbst verändert werden. Die den einzelnen Knoten im Dialogbaum zugewiesenen Antworten des Systems sind komplett redigierte Sätze. Das Wissen, auf dessen Basis der Chatbot operiert, besteht im Wesentlichen aus den manuell definierten Verknüpfungen zwischen Benutzerabsichten und vordefinierten Antworten. Zum Teil werden diese Antworten noch mit Informationen aus Quellsystemen angereichert. Hierbei handelt es sich um strukturierte Daten, die an definierten Positionen innerhalb der Antwort eingefügt werden.

4 Erfahrungsberichte

Chatbots sind ein neuer Typ von Informatiklösungen. Die benötigten Technologien, Fähigkeiten, Architekturen oder Entwurfsmuster weichen von klassischen Anwendungen ab. Im Rahmen der durchgeführten Projekte konnten bei der Schweizerischen Post erste Spezifika von Chatbots ausgemacht werden. Diese betreffen verschiedene Domänen wie Reife der angebotenen Technologien, Resonanz beim Kunden oder benötigte Methoden und Fähigkeiten. Wesentliche Aspekte werden in diesem Kapitel näher eingeführt und diskutiert.

4.1 Kundenfeedback und Akzeptanz

Alle erwähnten Projekte legten großes Gewicht auf regelmäßiges Feedback der Chatbot-Benutzer, seien es die Pilotkunden der Softwareprototypen *Smart Assistant, Custom Smart, UHD-Chatbot, Chatting Building, PostConnect-Bot* und *Bot Briefe und Pakete* oder die Kunden des produktiven Chatbots von PostFinance. Durch den Miteinbezug der eigenen Kunden verfügt die Schweizerische Post über ein klares Bild, ob und wie die Chatbots aufgenommen werden. Die Akzeptanz der Chatbots bei den Kunden ist relativ hoch. Der Chatbot von PostFinance wickelte bereits in den ersten Monaten mehr als hundert Chats pro Tag ab, wobei annähernd drei Viertel zu einem erfolgreichen Abschluss gelangten. Mit anderen Worten: Der Kunde war mit den Informationen, die ihm der Chatbot lieferte, zufrieden und konnte damit sein Anliegen erledigen.

T. Stucki et al., *Chatbots gestalten mit Praxisbeispielen der Schweizerischen Post,* essentials, https://doi.org/10.1007/978-3-658-28586-9_4

Die Projekte *Smart Assistant* und *UHD-Chatbot* arbeiteten mit sehr kleinen (nicht repräsentativen) *Friendly User Groups*[1]. Deren positiven Rückmeldungen können daher nicht stark gewichtet werden. Das Projekt *Custom Smart* hingegen schloss eine größere Testkundenpopulation ein, welche mittels Aufkleber auf Paketsendungen, die zur Teilnahme an einem Produktversuch aufriefen, akquiriert wurde. Diese Kunden gaben nach den Testläufen fast durchgängig an, dass sie die Begleichung der Zollauslagen sowie die Sendungssteuerung lieber über den Chatbot als über das bereits bestehende Webportal abwickeln möchten. Sie ziehen also den geführten, linearen Dialog eines Chatbots dem Ausfüllen von Webformularen vor. Dieser Befund kann dahin gehend gedeutet werden, dass Chatbots ein Potenzial für die Vereinfachung von mehrstufigen Kundenprozessen bieten.

Im Projekt *Chatbot4Post* wagte sich die Schweizerische Post das erste Mal in den Bereich des Natural Language Processing vor, indem das Projektteam selbst die Modelle der Eingabeverarbeitung für das maschinelle Lernen konfigurierte. Die beiden Spezialistenbots *PostConnect-Bot* und *Bot Briefe und Pakete* wurden anschließend von Mitarbeitern des Kundendiensts getestet. Mehrere Tester vermerkten in ihren Rückmeldungen auf die Testphase, dass die Spezialistenbots unerwartet viele (einfache) Fragen nicht beantworten konnten. Dies lässt den Schluss zu, dass die Expertise für die Sprachverarbeitung im Projektteam noch ausgebaut werden muss. Auch bestätigt es die Annahme, dass es keine Standardkombination von Methoden des Natural Language Processing gibt, sondern abhängig von unterschiedlichen Faktoren, wie Daten und Anwendungsfall, ein passender Mix erarbeitet und kontinuierlich getestet und evaluiert werden muss.

Der Chatbot *Chatting Building* wurde einerseits Mietern in einem zentral gelegenen Gewerbegebäude sowie andererseits den Mitarbeitern im Hauptsitz der Schweizerischen Post als zusätzlicher Kanal angeboten. Die potenzielle Nutzergruppe umfasste somit über tausend Personen. Trotzdem kamen während der mehrmonatigen Testphase nur wenige Meldungen über den Chatbot zur Gebäudeverwaltung. Eine Erklärung hierfür könnte sein, dass die alten Kanäle (Telefon, E-Mail und persönliches Gespräch) zur Gebäudeverwaltung nach wie vor zur Verfügung standen und die Gebäudenutzer diese dem Chatbot vorzogen. Dies könnte insbesondere ein Grund sein, wenn es um komplexere oder emotionsgeladene Anliegen, wie etwa fehlerhafte Mietkostenabrechnungen oder defekte Gebäudeinstallationen, ging. Die Autoren gehen davon aus, dass die Kunden

[1]Friendly User Groups stellen (meist kleine) Kundengruppen dar, die sich zur Verfügung stellen, um ein Produkt zu testen, in der Annahme es wäre bereits produktiv.

gewisse Probleme oder Fragestellungen lieber mit einem menschlichen Agenten als mit einer Maschine lösen möchten, sei es, weil sie der Technik kein Vertrauen schenken oder weil sie eine emotionale (menschliche) Betreuung wünschen. Ein weiterer Grund könnte das Schreiben sein. Während am Telefon und im persönlichen Gespräch die Beschreibung des Problems in mündlicher Sprache erfolgt, benötigt der Chatbot eine schriftliche Notiz, welche für manche Personen eine Hürde darstellt. Das Problem mündlich zu beschreiben, fällt den meisten Personen leichter, als sich kurz und klar schriftlich zu verständigen. Dieses Phänomen wurde auch in der Testphase des *UHD-Chatbots* ersichtlich.

Die Chatbots der Schweizerischen Post finden vorläufig nur für einfache Geschäfte Verwendung. Erreicht das Kundenanliegen eine gewisse Komplexitätsstufe, ist bei den meisten Chatbots eine Übergabe an einen menschlichen Agenten vorgesehen. Dieses Vorgehen wird auch als *Handover* bezeichnet (Khan und Das 2017). Die Referenzarchitektur des Projektes *Chatbot4Post* sieht daher auch die Integration von Live-Chat-Systemen vor, sodass der Mensch-Maschinen-Dialog nahtlos in einen Mensch-Mensch-Dialog (bspw. via Live-Chat) überführt werden kann.

4.2 Persönlichkeitsgestaltung

Alle Projekte haben sich mit der Frage auseinandergesetzt, ob dem Chatbot eine Persönlichkeit verliehen werden soll, wie diese auszusehen hat und wie sie gestaltet werden kann. Als wesentliche Mittel zur Persönlichkeitsgestaltung eines Chatbots wurden sein Umgang mit sachfernen Eingaben, sein Verhalten, das Erscheinungsbild oder Gesicht des Chatbots (sog. Avatar) sowie der sprachliche Stil ausgemacht.

Umgang mit sachfernen Eingaben

Chatbots der Schweizerischen Post werden eindeutig als nicht-menschliche Akteure ausgezeichnet. Trotzdem, oder vielleicht genau deswegen, ließ sich bei der Auswertung der Dialoge aller Chatbots beobachten, dass Nutzer regelmäßig vom sachlichen Dialog abwichen und kontextferne Bemerkungen wie zum Beispiel „Schönes Wetter heute!“ oder „Frohe Weihnachten!“ einflochten. Auch Beschimpfungen wurden beispielsweise dem Chatbot von PostFinance gegenüber wiederholt geäußert, sodass ihm mittlerweile passende Antworten darauf antrainiert wurden. Es lässt sich die Tendenz ableiten, dass die Kunden einen Chatbot nicht nur als Informationslieferant wahrnehmen möchten, sondern dass sie eine Interaktion (ähnlich wie mit einem menschlichen Agenten) wünschen, oder zumindest ausloten wollen, wie *menschlich* sich der maschinelle Kommunikationspartner verhält.

Diese Art von Äußerungen oder Absichten des Kunden werden auch als *Social Intents* bezeichnet. Da diese Social Intents meistens kaum oder höchstens entfernt mit dem fachlichen Kontext eines bestimmten Bots verknüpft sind, drängt sich der Gedanke auf, dass in einer Umgebung mit mehreren fachspezifischen Bots eine Komponente für die Bearbeitung von derartigen Social Intents geteilt respektive von den einzelnen Bots wiederverwendet werden könnte. Diese Strategie verfolgt das Projekt *Chatbot4Post,* indem es einen Bot implementiert, der nur auf Social Intents trainiert ist. Alle anderen Bots brauchen im Gegenzug nicht dafür trainiert zu werden. Falls sie mit ihrem fachlichen Wissen nicht auf eine Frage reagieren können, haben sie die Möglichkeit, die Kundenäußerung an den *Social Bot* zu delegieren. Wenn dieser die Äußerung als Social Intent erkennt, kann er in der Folge adäquate Antworten liefern. Eine schlank geführte Chatbot-Architektur sowie ein gutes Zusammenspiel verschiedener Bots wird bei der Schweizerischen Post angestrebt.

Verhalten

Zum Verhalten des Chatbots zählen die Autoren jene Eigenschaften, die bei einem Menschen gemeinhin als Charakter subsumiert werden: Eigenschaften, die mit Adjektiven wie humorvoll, sanftmütig, aggressiv, hektisch, gemütlich, ausgleichend, unverbindlich, nüchtern und Ähnlichem denotiert werden. Der sprachliche Stil ist ein Mittel, um einem Chatbot Charakter zu verleihen. Eine andere Möglichkeit besteht in der Modellierung der oben erwähnten Social Intents sowie der entsprechenden Reaktionen. Beschimpfungen etwa kann der Bot einfach ignorieren oder sich eines breiten Registers bedienen und Antworten formulieren, die Empörung, Verwunderung, beleidigt sein oder auch Gelassenheit ausdrücken. Sollte es dem Chatbot mittels einer Dialogverwaltung sogar gelingen, wiederholte Beschimpfungen in einen Kontext zu stellen und den Nutzer damit zu konfrontieren, kann die Charakterbildung weiter vertieft werden.

Ebenfalls von Bedeutung für die Gestaltung des Bot-Verhaltens oder zumindest seiner Rezeption sind nonverbale Mittel. Dazu gehört etwa das zeitliche Verhalten, also die Geschwindigkeit, mit welcher der Chatbot auf Antworten reagiert. Beim Chatbot von PostFinance wurde zum Beispiel bereits überlegt, ob zwischen Eintreffen der Frage und Ausgabe der Antwort eine künstliche Verzögerung eingebaut werden soll, um den Eindruck zu erwecken, mit einem echten Gesprächspartner statt mit einem Chatbot zu sprechen. Die Spezialistenbots im Projekt *Chatbot4Post* geben ihre Antworten auf eine Benutzereingabe mit einer Verzögerung von 1.5 bis 2 s, wobei bei jeder Antwort ein zufälliger Wert in diesem

Intervall gewählt wird. Um den Effekt der Verzögerung und damit den Eindruck eines echten Gesprächspartners zu unterstreichen, wird in der Zwischenzeit ein *Is-Typing-Indikator* angezeigt. Das ist eine Blase mit durchlaufenden Punkten, die dem Benutzer aus Chatprogrammen iMessage oder Skype bekannt ist und signalisiert, dass das Gegenüber gerade eine Antwort eingibt. Gnewuch et al. (2018) haben übrigens in einer Testreihe deutliche Hinweise darauf gefunden, dass Chatbots, die ihre Antwortzeiten in Abhängigkeit von der Komplexität oder Länge der Antwort künstlich vergrößern, eine stärkere Menschlichkeit zugewiesen wird, als Bots, die unverzögerte Antworten liefern.

Erscheinungsbild

Der Chatbot von PostFinance wurde von Beginn an ohne Avatar modelliert, weil er im Banking-Kontext operiert und somit einen professionellen Eindruck hinterlassen sollte. Sowohl der Chatbot von PostFinance wie auch die Spezialistenbots *PostConnect* sowie *Briefe und Pakete* markieren aber jede vom Chatbot generierte Nachricht mit einem roboterähnlichen Icon. Dies hilft zum einen, das Chatfenster übersichtlich zu gestalten und macht zum anderen dem Kunden deutlich, dass er mit einer Maschine spricht. Diese grafischen Elemente können jedoch nicht als Avatar bezeichnet werden, da dem Bot weder einen Namen noch ein Geschlecht verliehen wurde. Im Projekt *UHD-Chatbot* wurde bislang ein Avatar nicht in Betracht gezogen. Auch der Bot *Chatting Building* wurde ohne Avatar implementiert. Das Projekt *Custom Smart* startete mit einem Avatar, entfernte diesen aber im weiteren Verlauf des Projektes aufgrund des Kundenfeedbacks wieder. Für den *Smart Assistant* war ein Avatar konzipiert, der allerdings im Prototyp nicht eingebaut wurde.

Sprachlicher Stil

Bezüglich des sprachlichen Stils sind die Chatbots unterschiedliche Wege gegangen. Der Chatbot von PostFinance agiert im Banking-Kontext. Dessen Professionalität und Nüchternheit soll auch im sprachlichen Stil reflektiert werden, indem etwa der Kunde gesiezt wird, vollständige und grammatikalisch korrekte Sätze formuliert und wichtige Informationen in einer Antwort mit Fettschreibung hervorgehoben werden sowie auf spezielle nonverbale Stilmittel wie Emoticons und multiplizierte Satzzeichen verzichtet wird. Das Projekt *Smart Assistant* hingegen hat sich für den sprachlichen Stil an den internen Vorgaben der Kommunikationsabteilung für Social-Media-Kanäle orientiert und daher den Kunden geduzt sowie von den oben erwähnten speziellen Stilmitteln Gebrauch gemacht. Der *UHD-Chatbot* hat in der Konversation die Kunden zuerst gesiezt. Mittlerweile wurde dies auf die Du-Form umgestellt. Umgekehrt ging PostLogistics beim

Custom-Smart vor. Dort wurden die Kunden zuerst geduzt, wobei die Feedbacks der Pilotkunden deutlich machten, dass sie lieber von der Schweizerischen Post gesiezt werden möchten. Der *Chatting Building*-Bot sowie die im Projekt *Chatbot4Post* gebaute Spezialistenbots *PostConnect* und *Briefe und Pakete* haben die Kunden von Beginn an gesiezt. Beide Projekte legten großen Wert darauf, eine einfache, kundennahe Sprache zu verwenden, interne Fachsprache aus der Konversation zu tilgen (ohne jedoch allzu umgangssprachlich oder gar flapsig zu werden) und vertraute Begriffe zu verwenden, wie zum Beispiel „Vertragswesen“ anstelle von „Kaufmännisches Gebäudemanagement“.

Die Sprache (bzw. Formulierungen von Aussagen) ist ein wesentlicher Erfolgsfaktor für einen Chatbot. Die Dialoge und Antworten müssen von (menschlichen) Fachpersonen erstellt und redigiert werden, um eine hohe Informationsqualität garantieren zu können. Das heißt aber auch, dass nicht nur Fachexperten gefragt sind, sondern auch solche, welche mehrere Sprachen auf Muttersprachniveau beherrschen. Denn zu einem späteren Zeitpunkt sollen die Chatbots mehrsprachig verfügbar sein. Von maschinellen Übersetzungen wurde vorerst abgesehen.

4.3 Beginn und Führung eines Dialogs

Die Konzeption und Weiterentwicklung der Chatbot-Dialogmuster basiert auf regelmäßigen Auswertungen von aufgezeichneten Kundendialogen. Das sind sowohl Unterhaltungen zwischen Kunden und Chatbots wie auch zwischen Kunden und menschlichen Agenten im Kundendienst, die per E-Mail, Social-Media oder Telefon kontaktiert wurden. Eine wesentliche Erkenntnis aus den Analysen dieser Dialoge ist, dass Kunden selten direkt auf den Punkt kommen. Meistens erschließen sich ihre Absichten beim Nachfragen oder in einer nachgelieferten Aussage. Folglich muss der Chatbot auf solche Interaktionsformen trainiert werden. Damit dies gelingt, sollte das Training der Chatbots und die Gestaltung der Dialoge von Spezialisten durchgeführt werden. Das sind meist nicht Mitarbeiter der Kommunikations- oder Informatikabteilungen, sondern Agenten im Kundendienst, welche die Dialogstrategien der Kunden kennen. Interessanterweise hat genau diese Population ein weiteres Interaktionsmuster aufgezeigt. Wie bereits erwähnt, haben im Projekt *Chatbot4Post* Agenten des Kundendiensts die implementierten Bots intensiv genutzt und getestet. Diese Tests generierten wiederum mehrere tausend Dialoglogs. Die Analyse dieser Logs zeigt, dass viele Nutzer rasch aufhören, komplette Sätze zu formulieren und ihre Anfragen nur noch aus einzelnen Schlüsselwörtern bestehen. Dieses Verhalten kann dahin gehend gedeutet werden, dass Benutzer, die sich bewusst sind, dass sie mit einer Maschine kommunizieren auf Muster zurückgreifen, die sie in jahrelanger Verwendung von Suchmaschinen erworben haben.

Mögliche Eintrittspunkte der Chatbots sind kritisch zu reflektieren. Chatbots, die auf Webseiten oder in mobile Applikationen des Unternehmens angeboten werden, können vollständig kontrolliert werden. Um kundennahe Dienstleistungen zu gewährleisten, wird indes auch geprüft, ob die Chatbots der Schweizerischen Post auf populäre Kanäle, wie zum Beispiel Facebook oder WhatsApp, publiziert werden könnten. *Smart Assistant* etwa hat den Versuch gestartet, einen Softwareprototyp im Facebook Messenger anzubieten. Die technische Integration verlief hierbei relativ problemlos. Juristisch und finanziell birgt dieser Weg jedoch gewisse Risiken, da die Schweizerische Post keine Kontrolle über den Kanal ausüben und der Kanalbesitzer Transaktionsgebühren erheben oder Datenspeicherungen vornehmen kann, die den Geschäftsbedingungen der Schweizerischen Post zuwiderlaufen. Diese Risiken mögen auch bei PostFinance den Ausschlag gegeben haben, den Chatbot über einen Kanal anzubieten, der komplett in eigener Hoheit liegt.

4.4 Technische Herausforderungen

Die in den Projekten eingesetzten Cloud-Dienste für die Eingabeverarbeitung, in diesem Kontext Natural Language Processing, Intent Matching und Slot Filling, sind oft erstaunlich performant. Die Komponenten zur Verwaltung und Analyse der Dialoge sind aber meist noch sehr technisch gestaltet. Sie entsprechen nicht dem Standard, der von Unternehmenslösungen für Textredaktion oder Reporting bekannt ist. Dennoch wäre genau dies erforderlich, damit nicht nur die Entwickler, sondern auch die Dialog- und Fachexperten den Bot verwalten können. Eine klare Aufbereitung der Dialogloge ist beispielsweise ein wesentlicher Erfolgsfaktor für die Weiterentwicklung eines Chatbots. Auf diese Weise kann erkannt werden, welche Anliegen der Bot nicht oder falsch beantwortet hat und wie entsprechend der Satz der definierten Intents sowie der Trainingsdaten angepasst oder erweitert werden muss.

Auch im Bereich der Konversationsteuerung wurde noch Lücken ausgemacht. Das Projekt *Smart Assistant* hat beispielsweise die Erfahrung gemacht, dass das eingesetzte Framework von Microsoft mit fließenden Themenwechseln, wie sie sich durchaus in einem Gespräch zwischen Menschen einstellen, nicht umgehen kann. Wenn also ein Benutzer in einem Dialog zur Empfangssteuerung seiner

Sendung steckt, kann er nicht kurz die Öffnungszeiten einer beliebigen Filiale abfragen und danach in den Sendungsdialog zurückkehren. Technisch ausgedrückt bedeutet dies, dass gewisse Pfade im Zustandsautomaten nicht definiert werden können. Im Weiteren kommt das Framework nicht damit zurecht, wenn ein Kunde seine Äußerung auf mehrere Nachrichten verteilt. Eine derartige Eingabe kann also nicht zusammengefügt und hiernach bearbeitet werden. Pro Eingabe muss die ganze Frage formuliert werden, um eine passende Antwort zu erhalten.

Bezüglich der Absprünge auf fremde Systeme stieß das Projekt *Metis* an die Grenzen der Lösung von Nuance. Diese Lösung erlaubt den Aufruf anderer Ressourcen nur an einzelnen Punkten in der Verarbeitungskette zwischen Benutzereingabe und Antwortausgabe. So wird es zum Beispiel unmöglich gemacht, die Benutzereingabe mittels eines Drittsystems im Voraus zu bearbeiten. Der Aufruf fremder Systeme via Programmierschnittstellen (engl. *Application Programming Interfaces,* APIs) oder vergleichbarer Schnittstellen ist für einen Chatbot essenziell. Ein Kunde mag es zwar lustig finden, mit einem Chatbot zu plaudern, schlussendlich hat er aber ein Anliegen, das erledigt werden will. Solange es sich um reine Informationsabfragen handelt, kann der Chatbot die Antworten oft aus seiner eigenen Wissensbasis beziehen. Sobald der Kunde jedoch eine Transaktion ausführen will, muss der Chatbot auf die entsprechenden Systeme zugreifen können. Idealerweise liegen diese Schnittstellen bereits in wiederverwendbarer Form, etwa als API, vor. Auch bei den Informationsabfragen wäre es architektonisch betrachtet ideal, wenn auf bereits existierende Ressourcen zugegriffen werden könnte, also zum Beispiel das Content-Management-System der Webseite mitgenutzt oder auf Wissensdatenbanken des Kundendienstes zugegriffen werden könnte. Für einzelne strukturierte Abfragen, wie etwa *„Wo ist das Paket mit der Sendungsnummer 99.00.123456.12345678?“* oder *„Wie sind die Öffnungszeiten der Filiale mit der Postleitzahl 3000?“*, konnten die Chatbots zum Teil bestehende APIs wiederverwenden. Für Kundenanfragen, die sich nicht einfach mit einem strukturierten Wert beantworten werden lassen, haben aber alle Chatbots spezifische Antworten aufbereitet, da vergleichbare Ressourcen für andere Kanäle nicht direkt wiederverwendet werden konnten. Fehlende Schnittstellen von Kernsystemen sind übrigens ein Hauptgrund, weshalb das Projekt *Custom Smart* nach der Pilotphase nicht weitergeführt werden konnte.

Eine weitere technische Herausforderung stellt die Zusammenarbeit beziehungsweise die Verknüpfung der Post-Chatbots untereinander als auch konzernübergreifend dar. Aus Sicht der Kunden wäre es beispielsweise vorteilhaft, wenn der Chatbot *Smart Assistant* eine Anfrage für den Chatbot von PostFinance entgegennehmen und darauf eingehen könnte. So müsste der Kunde bei verschiedenen Anliegen nicht unterschiedliche Eintrittspunkte aufsuchen und mit mehreren Chatbots interagieren, sondern könnte seine offenen Fragen durch einen Chatbot beantworten lassen. Diese Problemstellung versucht das Projekt *Chatbot4Post* mit der bereits erwähnten übergeordneten Architektur zu lösen. Im folgenden Kapitel wird der entsprechende Lösungsansatz weiter vertieft.

5 Weiterentwicklung

Chatbots sind in der Informatik kein neuartiges Phänomen. Methoden zur computerbasierten Verarbeitung oder Erzeugung von natürlicher Sprache sind seit längerer Zeit bekannt. In jüngster Zeit haben aber diese Systeme einen neuen Aufschwung erlebt, was nicht zuletzt mit den ständig zunehmenden Rechen- und Speicherkapazitäten und der damit einhergehenden Erschließung von großen Datenmengen zusammenhängt. Die steigende Qualität oder Performanz von Chatbots führt dazu, dass Unternehmen wie die Schweizerische Post prüfen, inwiefern diese Systeme gewinnbringend eingesetzt werden können. Die beschriebenen ersten Versuche zeigen, dass Chatbots sowohl innerhalb als auch außerhalb des Unternehmens Nutzen stiften können.

Allerdings sind die kommerziellen Chatbot-Lösungen immer noch limitiert und weit davon entfernt, einen menschlichen Gesprächspartner imitieren zu können. In einem klar definierten Umfeld sind sie fähig, die häufigsten Anliegen eines Kunden zu bearbeiten. Aber bereits leichte Anomalien bei der Eingabe des Benutzers, seien dies Tippfehler oder die Zerlegung eines Inputs auf mehrere Nachrichten, erschweren oder machen es unmöglich, dass der Chatbot die Absicht des Benutzers bestimmen kann. Im Weiteren gelingt es Chatbots nicht, selbstständig Wissen zu erschließen oder gar zu generieren. Sie kennen eine Liste von vordefinierten Antworten für die ebenfalls vordefinierten Intents. Sie sind aber nicht in der Lage, selbstständig neue Intents oder Antworten zu generieren. Ihre Lernfähigkeit beschränkt sich – dank der unterschiedlichen Strategien aus dem maschinellen Lernen – im Moment darauf, dass sie auch Absichten oder Schlüsselattribute aus Benutzereingaben extrahieren können, die ihnen nicht explizit einprogrammiert wurden.

T. Stucki et al., *Chatbots gestalten mit Praxisbeispielen der Schweizerischen Post*, essentials, https://doi.org/10.1007/978-3-658-28586-9_5

Um die Leistung der Chatbots und den Nutzen für den Kunden und das Unternehmen zu optimieren, müssen verschiedene Fähigkeiten weiterentwickelt werden. Im Projekt *Chatbot4Post* hat die Schweizerische Post zum ersten Mal auf die Nutzung von Cloud-Diensten für die Eingabeverarbeitung verzichtet. Wenn sie diesen Weg weiterverfolgt, gewinnt sie die vollständige Hoheit über ihre Dialogdaten und -systeme und kann ihre Lösungen dank der höheren Fertigungstiefe besser auf ihre Bedürfnisse zuschneiden und von Lösungen anderer Unternehmen abheben. Dies erfordert aber den Aufbau von interdisziplinären Teams, welche Wissen unter anderem über Data Science, Linguistik, Softwareentwicklung, User Experience Design und Unternehmensdomänen vereinen. Nur so gelingt es, erstens Dialoge zu gestalten, die dem Nutzer helfen, zweitens Modelle, Ontologien und Algorithmen aufzubauen, die eine effiziente Sprachverarbeitung ermöglichen und drittens Korpora zu erarbeiten, welche die Bots optimal für ihre Einsatzgebiete trainieren.

Neben den Kompetenzen der Mitarbeiter müssen auch die technischen Fähigkeiten (d. h. Systeme und Plattformen) weiterentwickelt werden. Gegenwärtig entstehen bei der Schweizerischen Post in verschiedenen Bereichen Chatbots. Diese Bots sollen zentral erreichbar sein oder untereinander kommunizieren können, damit der Kunde nicht nach dem richtigen Bot für sein Problem suchen muss. Die Schweizerische Post plant, dieses Problem mit einem Architekturmuster zu lösen, bei welchem ein Orchestrator genanntes System alle Kundenanfragen entgegennimmt und anschließend an die einzelnen Spezialistenbots delegiert. Alle Spezialistenbots können über ein zentrales Bot Management System verwaltet werden. Orchestrator, Spezialistenbots und Bot Management System sind lose, über klar definierte Schnittstellenkontrakte gekoppelt. Damit sollen neue Spezialistenbots einfach integriert und bestehende schneller angepasst werden können.

Interessante Synergien können in naher Zukunft auch zwischen sprachbasierten Chatbots und tragbaren Geräten entstehen, die über keine oder höchstens minimale Eingabebildschirme verfügen, wie zum Beispiel smarte Brillen oder Uhren. Anwendungsfelder für smarte Brillen sind in der Sortierung zu finden, welche aber zurzeit über Gesten oder Druckknöpfe gesteuert werden müssen. Da die potenziellen Anwender dieser Brillen meist handwerkliche Arbeiten verrichten, könnte ihr Arbeitsfluss mit sprachgesteuerten Schnittstellen besser unterstützt werden. Weitere Erweiterungen am Chatbot sind mit der Sensorik denkbar. Beispielsweise könnte die Suche nach der nächsten Filiale anhand der GPS-Position vom eigenen Smartphone ausgehen, koordiniert durch den Chatbot. Aufgrund der zunehmenden Verbreitung von Smart Speakers wie zum Beispiel

Amazon Echo oder Google Home wird sich die Schweizerische Post auch stärker mit sprachbasierten Bots befassen; denn jedes dieser Geräte ist als potenzieller Zugangspunkt zu den eigenen Dienstleistungen zu betrachten.

Informationsbots werden womöglich die nächste Generation von Suchmaschinen darstellen. Die heutigen Suchmaschinen sind äußerst nützlich, um Informationen schnell und einfach abzurufen. Sie tragen dazu bei, die Schwächen des Menschen in Bezug auf das Weltwissen (bspw. limitierte menschliche Speicherkraft, Verfügbarkeit von Informationen), die Beurteilung der Relevanz und das Verständnis der natürlichen Sprache zu kompensieren. Dennoch behandeln Suchmaschinen die Relevanz nur statistisch, ohne die Semantik zu berücksichtigen (Zadeh 2006). Abhängig von den in der Suchmaske eingegebenen Schlüsselwörtern und dem berechneten Ranking werden dem Benutzer eine Liste von Webseiten und online verfügbaren Dokumenten vorgeschlagen. Möchte sich dieser anhand von mehreren Quellen informieren, so ist eine Sammlung von möglichen Seiten zufriedenstellend. Stellt der Benutzer aber eine konkrete Frage, so möchte er dazu eine passende Antwort, ohne mehrere Seiten durchforsten zu müssen. Deshalb wird der nächste Schritt darin bestehen, den zukünftigen Systemen die Fähigkeit anzueignen, den Benutzer zu verstehen und ihn in seinem Problem oder in seiner Aufgabe basierend auf seiner Absicht zu unterstützen.

Zurzeit untersucht die Schweizerische Post, ob die Lernfähigkeit ihrer Chatbots mit verschiedenen Verfahren (d. h. mit erweiterten Methoden des maschinellen Lernens) aus dem Forschungsfeld der *künstlichen Intelligenz* weiter verbessert werden können. Mittelfristig ist für einzelne Chatbots auch der Einsatz von anderen kognitiven oder lernenden Komponenten geplant, wie etwa die automatische Erkennung von Emotionen eines Benutzers anhand textanalytischer Methoden. Dies würde zum Beispiel erlauben, Eskalationsstrategien zu definieren und erzürnte Kunden an menschliche Konversationspartner weiterzuleiten. Ein Problem des maschinellen Lernens ist aber seine inhärente Ungenauigkeit und Unsicherheit, welcher mit Berücksichtigung von Teilwahrheiten und Annäherungen begegnet werden kann. Um mit den erwähnten Dialogsystemen etwa natürlichere Interaktionen zwischen Mensch und Maschine zu gestalten, welche nicht auf klassischen Modellen der künstlichen Intelligenz, sondern vielmehr auf biomimetischen Modellen (d. h. auf einem synthetischen Nachbau von Natur, wie etwa des menschlichen Gehirns) beruhen, betreibt die Schweizerische Post in Zusammenarbeit mit dem Human-IST Institut der Universität Freiburg i.Üe. Forschung im Bereich von *Soft* und *Cognitive Computing* (vgl. D'Onofrio et al. 2018).

Das wesentliche Merkmal dieser Zusammenarbeit, auf welche die Schweizerische Post setzt, sind ihre *Transdisziplinarität* (d. h. eine über Interdisziplinarität hinausgehende, Wirtschaft, Regierung, Politik und die Gesellschaft als Ganzes miteinbeziehende Forschung) (Wickson et al. 2006) sowie *Gestaltungsorientiertheit* (d. h. Aufbau von Wissen mittels des Prozesses der Gestaltung) (Simon 1988). Diese Art der Forschung bereitet den Weg für einen synthetischen Nachbau der Natur und ermöglicht somit den Bau von Technologien, welche eine Mensch-Maschine-Symbiose erlauben (Cooley 1996). Die Schweizerische Post beteiligt sich als Anbieterin innovativer Lösung seit 170 Jahren an der Entwicklung der Schweiz. Die Förderung neuer wissenschaftlicher Ansätze ist eines der Mittel, mit welchen die Schweizerische Post ihre gesellschaftliche Verantwortung *(Corporate Social Responsibility)* wahrnimmt und die Zukunft zum Wohle der Schweizer Bürger mitgestaltet.

Was sie aus diesem *essential* mitnehmen können

- Chatbots sind Roboter oder Computerprogramme, die in natürlicher Sprache mit einem Menschen interagieren.
- Chatbots können nach dem Verwendungszweck oder der Funktionsweise klassifiziert werden.
- Die Schweizerische Post hat in verschiedenen Anwendungsfeldern mit textbasierten Chatbots experimentiert.
- Auf dem Markt sind sowohl Komplettlösungen für Chatbots als auch einzelne Komponenten erhältlich.
- Bei der Eingabeverarbeitung arbeiten heutige Chatbots oft mit Methoden des maschinellen Lernens. Die Erzeugung der Antworten ist hingegen meist noch komplett regelbasiert.
- Chatbots werden von Menschen als Dialogpartner wahrgenommen. Bei der Implementierung muss man sich daher Gedanken machen, welche Persönlichkeitsmerkmale der Chatbot aufweisen soll und wie man diese mit den technischen Mitteln ausdrücken kann.
- Heutige Chatbotlösungen sind erstaunlich performant bei der Verarbeitung von einzelnen Äußerungen. Sie haben aber noch Limiten in komplexen und dynamischen Dialogen.
- Der erfolgreiche Einsatz von Chatbots in Unternehmen erfordert den Aufbau von neuen Fähigkeiten und interdisziplinären Teams.

T. Stucki et al., *Chatbots gestalten mit Praxisbeispielen der Schweizerischen Post*, essentials, https://doi.org/10.1007/978-3-658-28586-9

Literatur

Aguirre S, Rodriguez A (2017) Automation of a business process using robotic process automation (rpa): a case study. Workshop on engineering applications: applied computer sciences in engineering. Springer, Cham, S 65–71

Baguley R, McDonald C (2016) Appliance science: alexa, how does alexa work? The science of the amazon echo. Cnet. https://www.cnet.com/news/apple-tv-streaming-and-news-party-may-end-with-antitrust-hangover. Zugegriffen: 25. März 2019

Colby K (1973) Simulation of belief systems. In: Schank R, Colby K (Hrsg) Computer models of thought and language. Freeman, San Francisco, S 251–286

Cooley M (1996) On Human-Machine Symbiosis. In: Gill KS (Hrsg) Human Machine Symbiosis: The Foundations of Human-centered Systems Design. Springer, London, S 69–100

Cooper P (2018) The complete guide to using facebook messenger bots for business. Hootsuite. https://blog.hootsuite.com/facebook-messenger-bots-guide. Zugegriffen: 25. März 2019

Dale R (2016) Industry watch. The return of the chatbots. Nat Lang Eng 22(5):811–817

Die Schweizerische Post (o. J.) Homepage. https://www.post.ch. Zugegriffen: 11. Okt. 2019

D'Onofrio S, Portmann E, Franzelli M, Bürki C (2018) Cognitive Computing: Theoretische Grundlagen und Praxisbeispiele der Schweizeischen Post. Informatik-Spektrum 41(2):113–122

Ferrucci D, Brown E, Chu-Caroll J, Fan J, Gondek D, Kalyanpur AA, Lally A, Murdock JW, Nyberg E, Prager J, Schlaefer N, Welty C (2010) Building watson: An overview of the deepqa project. AI Mag 31(3):59–79

Fryer LK, Carpenter R (2006) Bots as language learning tools. Lang Learn Technol 10(3):8–14

Gamma E, Helm R, Johnson R, Vlissides J (1995) Design patterns. Elements of reusable object-oriented software. Addison-Wesley, Boston

Gnewuch U, Morana S, Adam MTP, Maedche A (2018) Faster is not always better: understanding the effect of dynamic response delays in human-chatbot interaction. In: Prooceedings of the European Conference on Information Systems (ECIS). Portsmouth, UK

T. Stucki et al., *Chatbots gestalten mit Praxisbeispielen der Schweizerischen Post,* essentials, https://doi.org/10.1007/978-3-658-28586-9

Goodwin T (2015) The battle is for the customer interface. Tech crunch. https://techcrunch.com/2015/03/03/in-the-age-of-disintermediation-the-battle-is-all-for-the-customer-interface. Zugegriffen: 16. März 2019

Google Cloud (o. J.) Homepage. https://cloud.google.com/dialogflow/docs/contexts-overview. Zugegriffen: 11. Okt. 2019

Heudin JC (2018) An emotional multi-personality architecture for intelligent conversational agents. In: Nguyen NT, Kowalczyk R, van den Herik J, Rocha AP (Hrsg) Transactions on computational collective intelligence XXVIII. Springer, Cham

Jurafsky D, Martin JH (2018) Speech and language processing, 3. Aufl. Draft. https://web.stanford.edu/~jurafsky/slp3/ed3book.pdf. Zugegriffen: 12. März 2019

Karayiannis N, Venetsanopoulos N (1993) Artificial Neural Networks: Learning Algorithms, Performance Evaluation, and Applications. Springer Science & Business Media, New York

Khan R, Das A (2017) Build better chatbots: a complete guide to getting started with chatbots. Apress.

Kurdi M (2016) Natural language processing and computational linguistics 1: speech, morphology, syntax. Wiley, Hoboken

Kurdi M (2017) Natural Language Processing and Computational Linguistics 2: Semantics, Discourse and Applications. Wiley, Hoboken

Leviathan Y (2018) google duplex: an ai system for accomplishing real-world tasks over the phone. Google ai blog. https://ai.googleblog.com/2018/05/duplex-ai-system-for-natural-conversation.html. Zugegriffen: 26. März 2019

McNeal ML, Newyear D (2013) Introducing chatbots in libraries. Libr Technoloy Rep 49(8):5–10

Microsoft (o. J.) Homepage. https://privacy.microsoft.com/de-de/privacystatement. Zugegriffen: 11. Okt. 2019

Microsoft Azure (o. J.) Homepage. https://docs.microsoft.com/en-us/azure/bot-service/bot service-design-conversation-flow?view=azure-bot-service-4.0. Zugegriffen: 11. Okt. 2019

PostFinance (o. J.a) Homepage. https://www.postfinance.ch/de/privat.html. Zugegriffen: 11. Okt. 2019

PostFinance (o. J.b) Homepage. https://www.postfinance.ch/de/privat/support/chat.html. Zugegriffen: 11. Okt. 2019

Ruddock D (2016) Google now is dead: latest beta of search erases references to google now. https://www.androidpolice.com/2016/09/20/google-now-is-dead-latest-beta-of-search-app-erases-all-references-to-google-now. Zugegriffen: 26. März 2018

Serban IV, Lowe RT, Charlin L, Pineau J (2017) A survey of available corpora for building data-driven dialogue systems. arXiv preprint. arXiv:1512.05742

Simon HA (1988) The science of design: creating the artificial. Design Issues 4(1/2):67–82

Sipser M (2006) Introduction to the theory of computation, 2. Aufl. Thomson Course Technology, Boston

Stölzle W, Weidmann U, Klaas-Wissing T, Kupferschmied J, Riegel B (2015) Vision Mobilität Schweiz 2050. Selbstverlag, Zürich

Suendermann D, Pieraccini R (2011) SLU in Commercial and Research Spoken Dialogue Systems. In: Tur G, de Mori R (Hrsg) Spoken language understanding: systems for extracting semantic information form speech. Wiley, New York, S 171–194

Swan M (2015) Blockchain. Blueprint for a new economy. O'Reilly, Sebastopol
Tur G, de Mori R (2011) Spoken language understanding: systems for extracting semantic information form speech. Wiley, New York
Wallace RS (2009) The Anatomy of A.L.I.C.E. In: Epstein R, Roberts G, Beber G (Hrsg) Parsing the turing test. Springer, Dordrecht
Wang YY, Deng N, Acero A (2011) Semantic frame-based spoken language understanding. In: Tur G, de Mori R (Hrsg) Spoken language understanding: systems for extracting semantic information from speech. Wiley, New York, S 41–96
Weizenbaum J (1966) ELIZA – a computer program for the study of natural language communication between man and machine. Communications of the ACM 9(1):36–45
Wickson F, Carew AL, Russell AW (2006) Transdisciplinary research: characteristics, quandaries and quality. Futures 38(9):1046–1059
Zadeh LA (2006) From search engines to question answering systems – the problems of world knowledge, relevance, deduction and precision. In: Sanchez E (Hrsg) Fuzzy logic and the semantic web. Elsevier, Amsterdam, S 163–210

Printed by Printforce, the Netherlands